Antonio Manuel Otero Dieguez
Idalberto MacíasSocarrás

Curso Breve de Álgebra Lineal y Geometría del Plano

Antonio Manuel Otero Dieguez
Idalberto MacíasSocarrás

Curso Breve de Álgebra Lineal y Geometría del Plano

Introducción para Ingenieros

PUBLICIA

Imprint

Cover image: www.ingimage.com

Publisher:
PUBLICIA
is a trademark of
International Book Market Service Ltd., member of OmniScriptum Publishing Group
17 Meldrum Street, Beau Bassin 71504, Mauritius
Printed at: see last page
ISBN: 978-620-2-43236-8

CURSO BREVE DE ÁLGEBRA LINEAL Y GEOMETRÍA DEL PLANO.

Antonio Manuel Otero Dieguez

Doctor en Matemática, Maestría en Física Matemática, Matemático. Formado en la Universidad I.I. Mechnicov, antigua URSS. Académico con 30 años en la academia, dictando cursos de pre y post grados en Universidades en Cuba, y países extranjeros: Brasil, Venezuela, Colombia, Angola, Ecuador.

Publicaciones de artículos en variadas revistas indexadas y publicaciones de libros. Conferencista y espositor en conferencias internacionales.

Profesor titular a tiempo completo, Universidad Oscar Lucero Moya, Holguin Cuba.

Email: oteroecuador@gmail.com

Idalberto MacíasSocarrás

Ingeniero Mecanizador Agropecuario por la Universidad de Granma, Cuba. Doctor dentro del programa 240C en Ingeniería Rural por la Universidad Politécnica de Madrid.

Profesor e investigador en la Facultad de Ciencias Agrarias de la Universidad Estatal Península de Santa Elena (UPSE) desde abril de 2016.

Autor de varios artículos en revistas indexadas, libros y capítulos de libros, ha participado como ponente en eventos científicos internacionales.

Email: imacias@upse.edu.ec

INTRODUCCIÓN, AL ÁLGEBRA LINEAL CON GEOMETRÍA DEL PLANO PARA INGENIEROS.

INDICE

PROLOGO.

El estudio lógico-histórico de la Matemática, muestra que ella define un armonioso sistema lógico-abstracto capaz de integrarse al complejo sistema de conocimientos científico-tecnológicos definido por otras ciencias (naturales, técnicas, sociales).
El **álgebra** es la rama de la matemática que estudia la combinación de elementos de estructuras abstractas acorde a ciertas reglas. Originalmente esos elementos podían ser interpretados como números o cantidades, por lo que el álgebra en cierto modo originalmente fue una generalización y extensión de la **aritmética**.
La **geometría** es una de las áreas más antiguas de la matemática. Inicialmente, constituía un cuerpo de conocimientos prácticos en relación con las longitudes, áreas y volúmenes. En el antiguo Egipto estaba muy desarrollada, según los textos de Herodoto, Estrabón y Diodoro Sículo. Euclides, en el siglo III a. C. configuró la geometría en forma axiomática, tratamiento que estableció una norma a seguir durante muchos siglos: la geometría euclidiana descrita en Los Elementos.
Las matemáticas necesariamente tienen que ver con dos cuestiones centrales que legitiman su presencia en los currículos y por tanto su estudio: Primero, la función que cumplen las matemáticas en la explicación de la realidad, por la cual la humanidad las convirtió en objeto de apropiación social y de reproducción cultural en el marco de instituciones especializadas y, segundo, la naturaleza específica de su estudio.
Las competencias y habilidades a ser desarrolladas en Matemáticas están distribuidas en tres dominios de la actividad humana: la vida en sociedad, la actividad productiva y la experiencia subjetiva. Por lo que la comunidad científica (Matemáticos, Psicólogos, Pedagogos y Educadores Matemáticos, etc.) se enfrenta a complejas interrogantes: ¿Para quién Enseñamos Matemática? ¿Qué Matemática Enseñar?, ¿Cómo enseñar Matemática? ¿Cómo aprender Matemática? ¿Cómo evaluar los conocimientos impartidos?
Al intentar dar respuesta a las interrogantes presentadas, aparece la dicotomía: Contextualizar la matemática sin que su carácter lógico-abstracto, de generalización y rigor se debilite. Mostrar la necesidad de su estudio independiente del nivel de aplicación al área de conocimiento.

A lo anterior se une la diversidad de los estudiantes que comienzan sus estudios universitarios, relativo a: procedencia social, características del nivel de la enseñanza precedente. Lo anterior define dos planos de dificultad: el de los alumnos, porque no es posible garantizarles ciertos parámetros comunes para su formación; y el de los docentes, porque dificulta el intercambio y la comunicación de experiencias pedagógicas.

Luego la misión del profesor no puede ser tan solo la de transmitir conocimientos previamente elaborados, y mucho menos la de brindar recetas que permitan resolver determinado tipo de "problemas" matemáticos; "De hecho no se enseña a resolver problemas, sino a comprender soluciones explicadas por el profesor como ejercicios".

La obra que se presenta está dirigida a desarrollar en los estudiantes las habilidades y destrezas en temas básicos de álgebre lineal y geometría plana. Que potencien el desarrollo del razonamiento lógico-algorítmico, facilitándoles la comprensión de que las teorías y métodos de la matemática permiten formular modelos para la interpretación y solución de problemas: de la vida en sociedad, la actividad productiva y minimizar la subjetividad en la toma de decisiones.

El libro presenta la peculiar característica que no sigue el desarrollo histórico que origino el álgebra líneal. Su estructura muestra una secuencia aritmética, algebraica y geométrica. No sigue la forma tradicional que presentan los libros sobre los temas tratados. Se presenta conjuntos de objetos matemáticos que al estructurarlos definiendo operaciones entre sus elementos, mestran que satisfacen propiedades comunes y se comportan de manera similar independiente de su naturaleza.

Se conciben los ejercicios y problemas de aplicación, mediante el estudio de casos. Generalizando al final de cada tema procedimientos que puedan atacar la mayor cantidad de casos. Es decir, mediante la inducción-deducción.

La obra esta dirigida a estudiantes que reciben los temas presentados en los currículos de las carreras de ingeniería y docentes que imparten los temas presentados.Agradeceremos a todo aquel, que presente sugerencias y observaciones. Que permitan enriquezar la obra a nuevas ediciones.

DrC. E. Vazquéz

Capítulo I: Dominios numéricos (N, Z, Q, I y R).

Se presentan elementos generales de los conjuntos numéricos con enfasi en el conjunto de los números reales y sus operaciones. Asi como el producto cartesiano.

I.1 Introducció a los dominios numéricos.

Los conceptos de conjunto y número, se presentan como conceptos primarios, sobre los cuales se estructura la ciencia mátematica. Entre los conjuntos, los denominados, **dominios númericos**, juegan un papel fundamental.

El conjunto formado por $\{1; 2; 3; 4; 5; 6; 7; 8; ...\}$ se denomina dominio de los números naturales y se denota por **N**. Cumpliendo las propiedades:

- El sucesor o consecutivo de todo número natural $\mathbf{n}$ es el número natural $\mathbf{n+1}$.
- Sólo existe un número natural que no posee antecesor lo llamaremos UNO (1).
- El conjunto de los números pares es el conjunto formado por los números $\{2; 4; 6; 8; ...\}$ se expresan de las forma $\mathbf{2n}$ $(n \in \mathbf{N})$.
- El conjunto de los números impares es el conjunto formado por los números $\{1; 3; 5; 7 ...\}$ se expresan de las forma $2n - 1$ $(n \in \mathbf{N})$.
- La unión de los conjuntos de los números, pares e impares, forman el dominio de los números naturales.

A partir de los números naturales **(N),** cada dominio ha tenido que ser ampliado por necesidades prácticas del hombre. Así, se introdujeron los números enteros **negativos** y el **cero,** formándose los enteros **(Z)**. Para indicar cantidades de magnitudes, como, por ejemplo, la temperatura. En el orden operacional para resolver ecuaciones de la forma: x + 5 = 4, cuya solución es x = -1, el que representa un número entero negativo.

Un número es racional (**Q)**; si puede ser representado en la forma $\frac{p}{q}$ con ***p*** que pertenece al dominio de los **Z** y ***q*** a los **N**. Los números racionales se caracterizan por tener un desarrollo decimal periódico, con infinitas cifras.

Ejemplos 1:

$5=\frac{5}{1}; \quad -\frac{1}{5}; \quad 7\frac{5}{4}=\frac{33}{4}$

$\frac{1}{3}=0{,}3333....=0{,}\bar{3}$ (Se lee cero comas período 3)

$\frac{1}{4}=0{,}25000....$ (Aquí el período es 0)

Un número es irracional **I,** si no es posible expresarlo en la forma $\frac{p}{q}$. Los números irracionales se caracterizan porque su desarrollo decimal no es periódico y posee infinitas cifras:

Ejemplos 2:

$\sqrt{2}\approx 1{,}4142...$

$\pi \approx$ 3,14159265…. (Pi)

e ≈ 2,718…. (Número de Euler

El diagrama expresa que $\Re$, es el mayor de los dominios numéricos presentados.

- Dominio de los Números reales ($\Re$)
  - Dominio de los Números racionales (**Q**)
    - Dominio de los Números enteros **(Z)**
      - Dominio de los Números Naturales (**N)**
  - Dominio Números Irracionales **(I)**

I.2 Operaciones en el dominio de los números reales.

Sean **x, y, z** números reales cualquiera, entonces:

Suma:

Existe **z**, tal que, **x + y = z.**

Si $z < 0$, implica, que $x + y < 0$, para $x < -y$.

Si $z > 0$, implica, que $x + y > 0$, para $x > -y$.

Propiedades.

S_1. Conmutativa.

$x + y = y + x$

S_2. Asociativa.

$(x + y) + z = x + (y + z)$

S_3. Existencia del elemento neutro.

$x + 0 = 0 + x = x$

S_4. Existencia de un opuesto para cada elemento de $\Re$:

$x + (-x) = (-x) + x = 0$

Debe comprenderse que esta propiedad justifica la existencia de la sustracción entre los elementos de $\Re$, su resultado es un elemento de $\Re$.

Producto

Existe **z**, tal que, **x y = z.**

Si $z = 0$, implica, $x = 0$ o $y = 0$, o ambos son cero.

Si $z < 0$, implica, que x, y son de signo contrario (uno positivo, el otro negativo).

Si $z > 0$, implica, x, y son del mismo signo (ambos positivo o ambos negativos).

Propiedades.

P_1. Conmutativa.

$x\,y = y\,x$

P_2. Asociativa.

$(x\,y)\,z = x\,(y\,z)$

P_3. Existencia del elemento neutro.

$x\,1 = 1\,x = x$

P_4. Existencia de un opuesto para cada elemento de $\Re$ diferente de 0.

$x\,x^{-1} = x^{-1}\,x = 1$

P_5. Distributiva respecto a la suma.

$z\,(x + y)\,z = zx + zy$

Lo anterior muestra la existencia de la operación, **división**, bajo la condicón que el denominador sea difenrente de cero, siendo el resultado un elemento de $\Re$.

Para todo z, y , para $y \neq 0$, existe un x que pertenece a $\Re$, tal que, $x = \frac{z}{y}$.

Consideremos una recta orientada **r_1**, sobre ella coloquemos un punto **O.** A la derecha del punto **O** coloquemos un punto **a,** lo llamaremos **escala.** A su izquierda simétrico respecto a O coloquemos el punto **–a.** Entonces la recta r_1 define un eje coordenado, denotémosle por **x**:

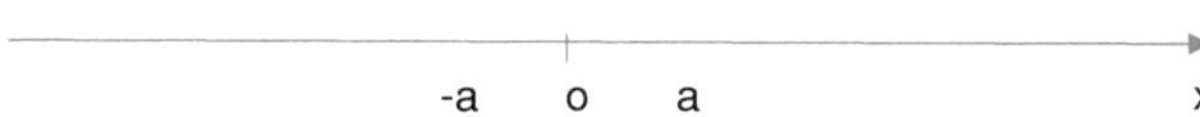

A cada punto sobre **x,** corresponde un número real y cada número real queda representado como un punto sobre **x.**

Ejercicios Propuestos:

1. Di si son verdaderos (V) o falsas (F) las siguientes proposiciones. Justifica las falsas.

   a)3,25 $\notin$ **Z**

   b) $\frac{1}{5} \in \mathrm{N}$

   c) **Q** es un dominio numérico.

   d) El número de habitantes de un país es siempre un número entero.

   e) Todo número real es racional.

   f) Todo natural es entero.

2. Determina cuáles de los números siguientes son racionales o irracionales. Representar en el eje numérico.

   a) 3 b) $7,67\overline{19}$ c) $7,8$ d) $1{,}212\ldots$

I.3 Producto Cartesiano.

El producto cartesiano de los conjuntos X, Y, lo representamos **X x Y**, es el conjunto de los pares ordenados (x, y), donde $x \in X$, $y \in Y$.

Ejemplo 1: Sean C = {1, 3} y D = {0, 2, 4}, entonces:

C x D= {(1, 0), (1,2), (1,4), (3,0), (3,2), (3,4)}

D x C= {(0, 1), (0,3), (2,1), (2,3), (4,1), (4,3)}

Como se observa en el ejemplo, el producto cartesiano no cumple la propiedad conmutativa del producto aritmético, como muestra C x D ≠ D x C.

El producto cartesiano se generaliza a n conjuntos. Sean los conjuntos X_1, X_2, ... , X_n, el producto cartesiano de estos conjuntos queda expresado $X_1 \times X_2 \times, \ldots, \times X_n$.

Un caso particular del producto cartesiano es la potencia de un conjunto. Sea X un conjunto cualquiera, llamaremos potencia n-esima del conjunto X, lo representamos por X^n, al producto n veces de X, $X^n = X \times X \times, \ldots, \times X$.

Ejercicios propuestos.

1- Dados los conjuntos F = {1, 2, 4}, E= $\{x \in N: 0 \leq x < 3\}$.

   a) Calcular E x F, F x E.

Capítulo II: Elementos de Geometría Plana.

Como una aplicación del producto cartesiano se obtienen el plano, el espacio tri-dimensional, así como su generalización, el espacio n-dimensional. Se presentan algunas propiedades.

II.1 Plano cartesiano.

Sea $\Re$, conjunto de los números reales, tenemos:

$\Re^2 = \Re x \Re = \{(x_1, x_2) | x_1, x_2 \in \Re\}$, caso bidimensional, geométricamente expresa, al Plano cartesiano (x , y).

Definimos sobre el plano un sistema de coordenadas rectangulares. Sean r_1, r_2, ejes coordenados que se intersectan en un punto O, formando ángulos de 90^0.

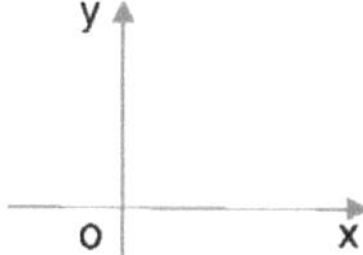

Denotémosle **x, y**. A **x** lo llamaremos eje de la abscisa, **y** eje de ordenada. Entonces cada punto queda representado por el par ordenado **(x , y)**. Tal que a cada par ordenado corresponde un punto en $\Re^2$.

Llamaremos vector a un segmento de recta orientado con origen en A(x_1 , y_1) y final en B(x_2,y_2). El vector se representa $\overline{AB} = \vec{v}$ (también se emplea la notación AB)

Ejemplo 1: Sea el vector

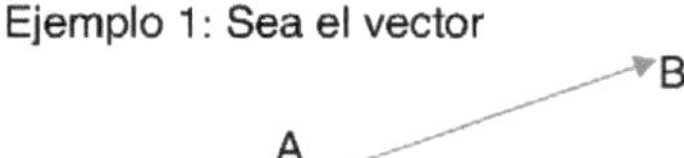

Los vectores, presentan dos características: **magnitud y dirección.** La magnitud (longitud) es un número real no negativo, que expresa la distancia del punto A al punto B y la dirección por la saeta en el punto B. A diferencia de los escalares (números) que presentan sólo una característica **magnitud**.

Ejemplos 2:

Escalares: masa, temperatura, área, longitud, dinero.

Vectores: fuerza, desplazamiento, velocidad, aceleración, campo eléctrico.

Lo anterior es una representación geométrica de vector muy usada por ingenieros y físicos. Si los vectores se encuentran sobre una misma recta o sobre rectas paralelas se llaman vectores colineares. Si los puntos A y B coinciden, decimos que el vector es nulo. Su longitud es cero.

Vamos a emplear la notación algebraica que nos brinda el producto cartesiano en $\Re^2$. El vector como par ordenado (x, y), para todo x, y$\in$ $\Re$, cuya magnitud es la distancia del origen (0,0) al punto P(x, y), la que se calcula $|\vec{v}| = \sqrt{x^2 + y^2}$. La dirección queda definida por el punto P(x, y). Geométricamente queda representado:

Ejemplo 3:

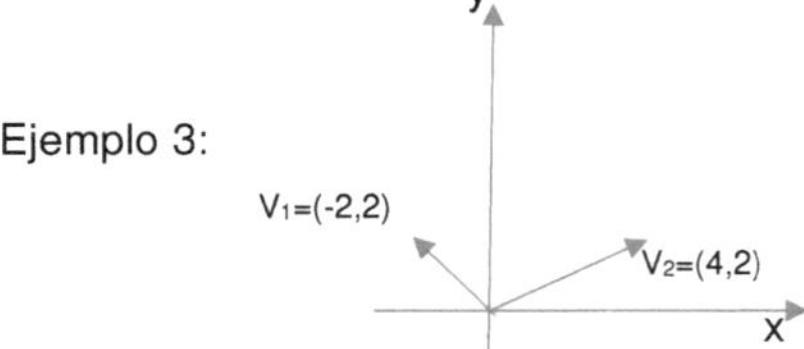

$|\vec{v_1}| = \sqrt{(-2)^2 + 2^2} = \sqrt{8}$ $\quad$ $|\vec{v_2}| = \sqrt{4^2 + 2^2} = \sqrt{20}$

Sean A(x_1,y_1), B(x_2,y_2) puntos del plano, entonces para el vector AB, la longitud es expresada, $|\overline{AB}| = |\vec{v}| = \sqrt{(x_2 - x_1)^2 + (y_2 - y_1)^2}$.

Un vector lo llamamos unitario, si la longitud es la unidad (1).

Ejemplo 4: Sean los vectores, i=(1,0); j=(0,1), $|i| = |j| = 1$.

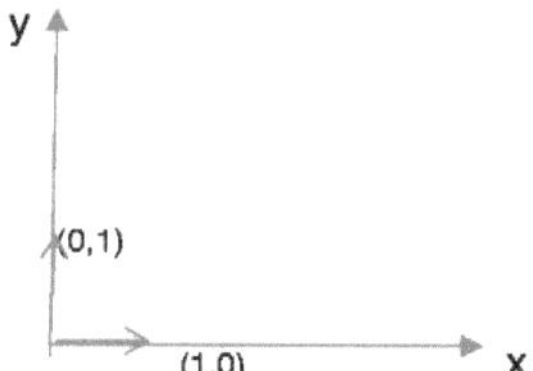

II.2 Operaciones con los elementos del plano cartesiano.

Dados $v_1=(\mathbf{x_1}, \mathbf{y_1})$, $v_2 = (\mathbf{x_2}, \mathbf{y_2}) \in \Re^2$, $v_1 = v_2$, si y sólo sí, $x_1 = x_2$, $y_1 = y_2$.

Mostremos que sobre $\Re^2 = \Re x \Re = \{(x_1, x_2) | x_1, x_2 \in \Re\}$, se definen las operaciones:

1. **Producto por un escalar:** $\lambda \in \Re$, $(x_1, y_1) \in \Re^2$.

$\lambda(x_1, y_1) = (\lambda x_1, \lambda y_1) = (x_2, y_2)$; $x_2 = \lambda x_1$, $y_2 = \lambda y_1$; $(x_2, y_2) \in \Re^2$, $x_2, y_2 \in \Re$.

Ejemplo 5: 3(1,0) = (3 1, 3 0) = (3,0)

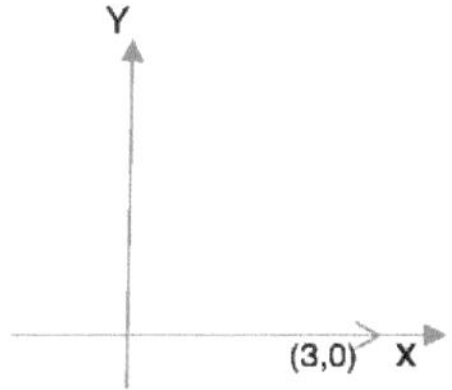

2. **Suma de (x_1, y_1), $(x_2, y_2) \in \Re^2$.**

$(x_1, y_1) + (x_2, y_2) = (x_1 + x_2, y_1 + y_2) = (x_3, y_3)$; $x_3 = x_1 + x_2$, $y_3 = y_1 + y_2$; $(x_3, y_3) \in \Re^2$; $x_3, y_3 \in \Re$.

Ejemplo 6: 3(1,0) + 2(0,1) = (3,0) + (0,2) = (3,2)

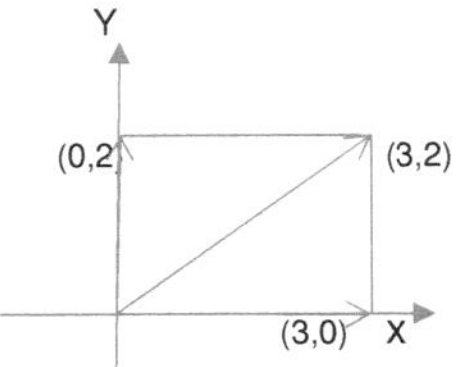

La diagonal del paralelogramo representa al vector (3,2).

3. Productos.

- **Producto escalar.**

Llamaremos producto escalar de los vectores **$v_1=(x_1, y_1)$, $v_2 = (x_2, y_2)$**, $v_1, v_2 \in \Re^2$, $x_1, y_1, x_2, y_2 \in \Re$, al que se obtiene del producto de la longitudes de v_1, v_2 por el coseno del ángulo formado entre ellos.

$< v_1, v_2 >= |v_1| |v_2| \cos\alpha, \quad 0 \leq \alpha \leq \pi.$

Como se observa de la definición, $< v_1, v_2 > \notin \Re^2$.

Ejemplo 7: Consideremos el producto escalar de los vectores i, j.

$< i, j >= |i| |j| \cos\alpha, \quad \alpha = \frac{\pi}{2}, \quad \cos\alpha = 0; \quad < i, j >= 0,$

Lo anterior verifica lo que el gráfico muestra, i, j son vectores ortogonales (perpendiculares), **dos vectores distintos del vector nulo, son ortogonales si su producto escalar es cero.**

El sistema de vectores, S= { i, j }, con las características: vectores unitarios y ortogonales, definen un sistema ortonormal de vectores. En particular S se llama sistema **canónico** de $\Re^2$

Para S se verifica:

$< i, i > = |i| |i| \cos\alpha, \quad \alpha = 0, \quad \cos\alpha = 1; \quad < i, i > = |i|^2, \quad \sqrt{< i, i >} = |i| = 1,$

$< j, j >= |j| |j| \cos\alpha, \quad \alpha = 0, \quad \cos\alpha = 1; \quad < j, j > = |i|^2, \quad \sqrt{< j, j >} = |j| = 1,$

Propiedades del producto escalar.

Dados los vectores v_1, v_2, v_3 $v_3 \in \Re^2$ y a, b $\in \Re$, son válidas las igualdades:

I. **$< v, v > \geq 0$, es cero sí, sólo sí, v = (0,0).**

II. **$< v_1, v_2 > = < v_2, v_1 >$, es evidente de la definición de producto escalar.**

III. **$< a\, v_1 + b\, v_2 , v_3 > = a < v_1 , v_3 > + b < v_2 , v_3 >$.**

Dados los escalares x, y$\in$ $\Re$ y el sistema canónico de $\Re^2$. Aplicando las operaciones: producto de un escalar por un elemento de $\Re^2$ y suma de elementos de $\Re^2$. Todo vector, v de $\Re^2$, se expresa,

$\mathbf{v} = (\mathbf{x}, \mathbf{y}) = \mathbf{x\, i} + \mathbf{yj} = \mathbf{x}\,(\mathbf{1}, \mathbf{0}) + \mathbf{y}\,(\mathbf{0}, \mathbf{1}) = (\mathbf{x}, \mathbf{0}) + (\mathbf{0}, \mathbf{y}) = (\mathbf{x} + \mathbf{0}, \mathbf{0} + \mathbf{y}) = (\mathbf{x}, \mathbf{y})$.

Sean $v_1=x_1i +y_1j$, $v_2=x_2i +y_2j$, aplicando los resultados anteriores, tenemos,

$< v_1, v_2 >=< x_1i +y_1j, x_2i +y_2j >= x_1\, x_2 < i, i > + x_1\, y_2 < i, j > + y_1\, x_2 < j, i > + y_1\, y_2 < j, j> =$
$= x_1\, x_2 + y_1\, y_2$.

$< v_1, v_2 > = x_1\, x_2 + y_1\, y_2$.

Mostremos que, $\forall$ $v_1, v_2 \in \Re^2$, $v_1=x_1i +y_1j$, $v_2=x_2i +y_2j$, se satisface,

$Iv_1I\, Iv_2I \cos\alpha = x_1\, x_2 + y_1\, y_2$.

Sea,

$< \mathbf{v_1},\ \mathbf{v_2} > = \mathrm{Iv1I\, Iv2I}\ \cos\alpha\ = \mathrm{I\, i\, I}^2(\ \mathrm{proy}_{\,i}\, v_1\ \ \mathrm{proy}_{\,i}\, v_2\ ) = < v_1,\ i >< v_2, i >= \mathrm{I}\, v_1\, \mathrm{I\, I}\, v_2\, \mathrm{I}\ =\ =$
$\sqrt{x_1^2\,(i)^2 + y_1^2\,(j)^2}\ \ \sqrt{x_2^2\,(i)^2 + y_2^2\,(j)^2}\ =$

$= \sqrt{x_1^2\, x_2^2 (ii)^2 + y_1^2\, y_2^2 (jj)^2 + x_1^2\, y_2^2 (ij)^2 + y_1^2\, x_2^2 (ji)^2}\ =$

$= \sqrt{x_1^2\, x_2^2 (ii)^2 + y_1^2\, y_2^2 (jj)^2 + 2x_1^2\, x_2^2\, y_1^2\, y_2^2\, (ij)^4 - 2x_1^2\, x_2^2\, y_1^2\, y_2^2\, (ij)^4}\ =$

$= (x_1x_2 + y_1y_2)^{\frac{2}{2}} = (\mathbf{x_1\, x_2} + \mathbf{y_1\, y_2})$.

El producto escalar permite el cálculo del valor del ángulo determinado entre los vectores v_1, v_2.

$$< v_1,\ v_2 > = Iv_1I\, Iv_2I\ \cos\alpha; \quad \cos\alpha = \frac{<v_1,v_2>}{Iv_1I\, Iv_2I}; \quad \alpha = \arccos\left(\frac{<v_1,v_2>}{Iv_1I\, Iv_2I}\right)$$

- **Producto vectorial.**

Se denomina producto vectorial del vector **X** por el vector **Y** de $\Re^2$**,** al vector denotado por **X x Y**, definido:

- **X x Y** es igual al módulo de **X** por módulo de **Y,** por seno del ángulo (α) formado por los vectores **X** y **Y,**

X x Y = (I X I I Y I sen α) k

donde **k** es el vector unitario y ortogonal a los vectores **X** y **Y.**

- El vector **X x Y** $\in \Re^2$**,** perpendicular a cada uno de los vectores **X** y **Y,** en dirección del eje oz. Su modulo **I X x Y I** es el área del paralelogramo que se construye con los los vectores **X** y **Y.**

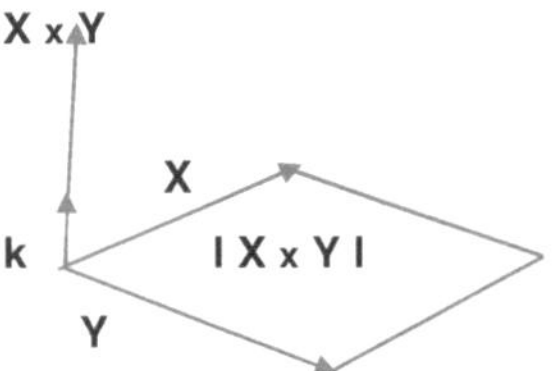

El producto vectorial de los vectores canónicos de $\Re^2$ **i x j = k.**

Propriedades del producto vectorial.

Dados los vectores v_1, v_2, v_3 y a $\in \Re^2$**,** son válidas las igualdades:

- $v_1 \times v_2 = -(v_2 \times v_1)$
- $v_1 \times (\alpha v_2) = \alpha (v_2 \times v_1)$
- $v_1 \times (v_2+v_3) = (v_1 \times v_2) + (v_1 \times v_3)$.

4. **Proyección de vector.**

Dada la recta L y el vector v_1= AB,

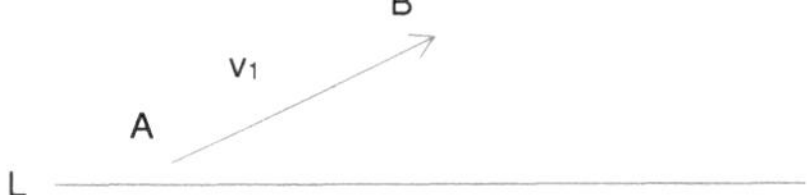

La proyección del vector v_1 sobre la recta L, es el vector v_2= A[1]B[1]. Donde A[1] y B[1], son las proyecciones de los puntos A y B, sobre la recta L.

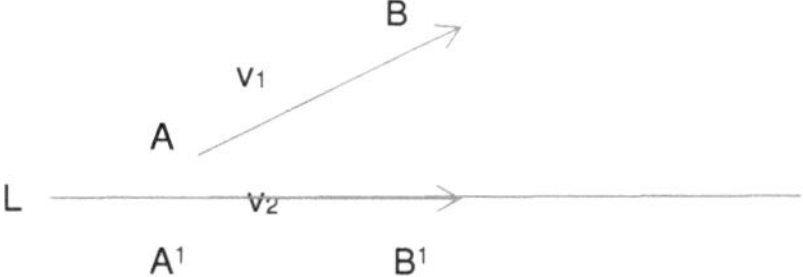

La proyección del vector v_1 sobre la recta L, se representa, $\mathbf{proy_L v_1}$

Si v_1 es perpendicular a L entonces obtenemos como proyección al vector nulo. En general la proyección del vector v_1 sobre la recta L, se determina como el producto de la longitud de v_1 por el coseno del ángulo formado por v_1 y L,

$$\mathbf{proy_L\, v_1} = \mathrm{I}v_1\mathrm{I}\ \cos\alpha, \quad 0 \leq \alpha \leq \pi.$$

Introducir la proyección de vector, permite definir el producto escalar, de la forma siguiente:

El producto escalar de los vectores v_1, v_2, es el producto de la longitud del vector v_1, por la proyección de v_2 en la dirección de v_1, que es igual a, el producto de la longitud del vector v_2, por la proyección de v_1 en la dirección de v_2,

$$< \mathbf{v_1}, \mathbf{v_2} >= \mathrm{I}v_1\mathrm{I}\ \mathrm{proy}_{v_1}(v_2) = \mathrm{I}v_2\mathrm{I}\ \mathrm{proy}_{v_2}(v_1) = \mathrm{I}v_1\mathrm{I}\ \mathrm{I}v_2\mathrm{I}\cos\alpha$$

Para $0 \leq \alpha < \frac{\pi}{2}$; la $\mathrm{proy}_{\,i}\, v > 0$, e igual a, $\mathrm{I}v\mathrm{I}$. Para $\frac{\pi}{2} < \alpha \leq \pi$; $\mathrm{proy}_{\,i}\, v < 0$, e igual a, $-\mathrm{I}v\mathrm{I}$.

Propiedades de la proyección de vector.

Sea $v_1, v_2 \in \Re^2$, $\mu \in \Re$,

a. $\text{proy}_L(v_1) \pm \text{proy}_L(v_2) = \text{proy}_L(v_1 \pm v_2)$
b. $\text{proy}_L(\mu\, v_1) = \mu\, \text{proy}_L(v_1)$

Ejercicios Propuestos.

1. Sean C = {1, -2, 3} y D = {0, 2, -4}, Calcular CxD y DxC. Representar geométricamente los elementos de CxD y DxC.
2. Dados los vectores: v_1 = (2, -3), v_2 = (- 4, - 3), v_3 = (0, 2), v_4 = (- 1, 0), v_5 = (1, 1).

A) Calcular, para $\alpha = \pi/3$:

1) $(< \mathbf{v_1}, \mathbf{v_3} >)$ (v_1 x v_5)
2) I v_1 x v_5 I I $< \mathbf{v_1}, \mathbf{v_3} >$ I
3) v_2 x (v_1+v_5)
4) $\text{proy}_{v_1}(v_2) + \text{proy}_{v_1}(v_5)$

II.3 Dominio de los números Complejos (C).

El contenido que se presenta no sigue el desarrollo historico que mostro la necesidad del dominio de los números complejos:

Calcular la solución de las ecuaciones, a x^2 + b x + c = 0, para todo, a, b, c $\in \Re$, cuando en las soluciones,

$x_1 = \frac{-b + \sqrt{b^2 - 4\,a\,c}}{2a}$, $x_2 = \frac{-b - \sqrt{b^2 - 4\,a\,c}}{2a}$, se tiene, $b^2 - 4\,a\,c < 0$.

La construcción que se presenta muestra, la necesidad de definir la operación aritmética, división en $\Re^2$.

Consideremos, $\forall$ v_1, $v_2 \in \Re^2$, $v_2 \neq (0.0)$. Calcular $\mathbf{v_3} = \frac{\mathbf{v_1}}{\mathbf{v_2}}$, ¿$\exists$ $v_3 \in \Re^2$?.

La primera, respuesta al problema presentado, es que el mismo esta mal formulado, por lo que no tiene solución.

Ataquemos el problema introdución la siguiente representación para los vectores de $\Re^2$,
v_1 = (a, b) → a + bi; v_2 = (c, d) → c + di; v_3 = (e, f) → e + fi.

La anterior notación expresa los elementos del dominio de los números **COMPLEJOS (C),** tal que, el dominio de los números reales, está contenido en el dominio de los números complejos, $\Re \subset$ **C.** Lo que es evidente al considerar el segundo sumando de las expresiones presentadas, igual cero para, a = d = f = 0.

Llamaremos y denotaremos: parte **real** de v_1, **Re v_1 = a;** parte **imaginaria** de v_1, **Im v_1 = b;**
i unidad imaginaria, tal que, i^2 = -1. Lo anterior es valido para todos los elementos de **C.**

Ejemplo 8:

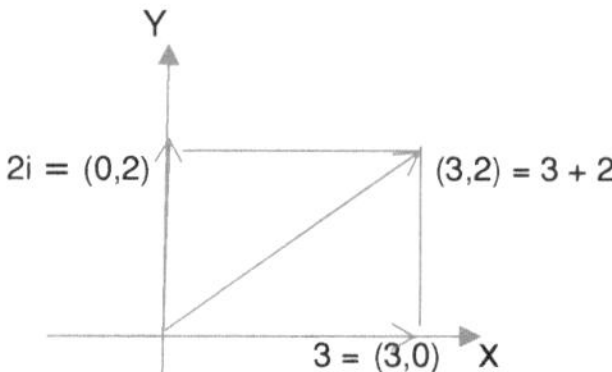

Como muestra el gráfico, para todo z ∈ **C**, la parte Re z, es representada sobre el eje de la abcisa, y la Im z, sobre el eje de las ordenadas, entonces para todo z = x +y i; x, y ∈ $\Re$, corresponde un punto (vector) de $\Re^2$.

Los números complejos, $z_1 = z_2$, para $z_1 = x_1 + y_1 i$, $z_2 = x_2 + y_2 i$; $x_1, y_1, x_2, y_2 \in \Re$, si sólo si, $x_1 = x_2$, $y_1 = y_2$.

Mostremos que sobre $\Re^2 = \Re x \Re = \{(x_1, x_2) | x_1, x_2 \in \Re\}$, se definen las operaciones:

1. **Producto por un escalar:** $\lambda \in \Re$, (a + b i)∈ **C**.

λ(x + y i)= (λx + λ y i)= (c + d i); c = λ x, d = λ y; c + d i ∈**C**, c, d∈ $\Re$.

Ejemplo 9: 3 (1+ i) = (3 + 3 i). Define al vector (3, 3)

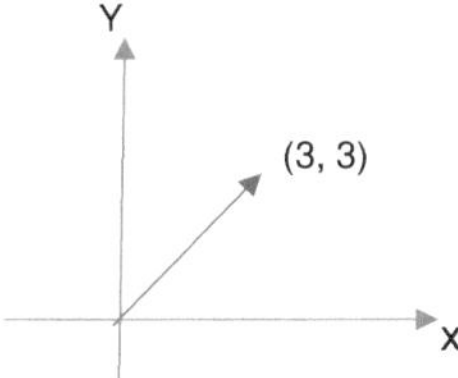

2. **Adición de $z_1 + z_2$.**

$z_1 + z_2 = (x_1 + y_1 i) + (x_2 + y_2 i) = (x_1 + x_2) + (y_1 + y_2) i = (x_3 + y_3 i)$; $x_3 = x_1 + x_2$, $y_3 = y_1 - y_2$;

$(x_3 + y_3 i) \in \Re^2$; $x_3, y_3 \in \Re$.

Ejemplo 10: $3(1 + 0\,i) + 2(i) = (3 + 0\,i) + (2\,i) = (3 + 2\,i)$.

Los que representan en $\Re^2$ los vectores,

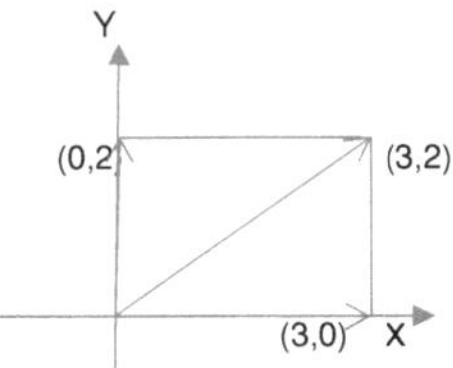

Para la adición se verifican las leyes:

Commutativa $z_1 + z_2 = z_2 + z_1$

Asociativa $(z_1 + z_2) + z_3 = z_1 + (z_2 + z_3)$

Las propiedades producto por un escalar y adición de números complejos, muestran que la adición admite operación inversa, $z_1 + (-1)\,z_2 = z_1 - z_2 = (x_1 - x_2) + (y_1 - y_2)\,i = z_3 = (x_3 + y_3\,i) \in \Re^2$; operación **sustracción.**

Lo anterior define: la existencia del elemento neutro en C y el elemento opesto, $\forall z \in$ C. para la adición.

3. **Producto de $z_1\ z_2$.**

$z_1\ z_2 = (x_1 + y_1\,i)\ (x_2 + y_2\,i) = (x_1\,x_2 - y_1\,y_2) + (x_1\,y_2 + y_1\,x_2)\,i = (x_3 + y_3\,i)$;

$x_3 = x_1x_2 - y_1\,y_2$, $y_3 = x_1\,y_2 + y_1\,x_2$; $(x_3 + y_3\,i) \in \Re^2$; $x_3, y_3 \in \Re$.

Para el producto se verifican las leyes:

Commutativa $z_1\ z_2 = z_2\ z_1$

Asociativa $(z_1\ z_2)\ z_3 = z_1\ (z_2\ z_3)$

Distributiva respecto a la Adición $(z_1 + z_2)\ z_3 = z_1\ z_3 + (z_2\ z_3)$

El producto admite la operación inversa: **división**, $\forall \mathbf{z_1}, \mathbf{z_2},\ \mathbf{z_2} \neq \mathbf{0},\ \exists\ \mathbf{z_3} \in \mathbf{C}$, tal que, $\frac{\mathbf{z_1}}{\mathbf{z_2}} =$

$\boldsymbol{z_3} \longrightarrow \frac{\mathbf{v_1}}{\mathbf{v_2}} = \mathbf{v_3} \in \Re^2$, donde,

$z_3 = \frac{z_1\,\overline{z_2}}{z_2\,\overline{z_2}} = \frac{x_1\,x_2 + y_1\,y_2}{x_2^2 + y_2^2} + \left(\frac{x_2\,y_1 - x_1\,y_2}{x_2^2 + y_2^2}\right) i = x_3 + y_3\, i \rightarrow (x_3, y_3) = v_3$, donde ,

$\overline{z_2} = x_2 - y_2\,\mathrm{i}$, se denomina conjugado al numero complejo $z_2 = x_2 + y_2\,\mathrm{i}$.

Propiedades de la operación de conjugación de los números complejos.

$\overline{z_1 + z_2} = \overline{z_1} + \overline{z_2}$, el conjugado de la suma es igual, a la suma de los conjugados.

$\overline{z_1 z_2} = \overline{z_1}\ \overline{z_2}$, el conjugado del producto es igual, al producto de los conjugados.

$\overline{\left(\frac{z_1}{z_2}\right)} = \frac{\overline{z_1}}{\overline{z_2}}$, el conjugado de la división es igual, a la división de los conjugados.

Ejercicios Propuestos.

Dados los números complejos:

$z_1 = 4 + 3\,i$; $z_2 = -2 + 2\sqrt{3}\,i$; $z_3 = -5 - i$; $z_4 = 3$; $z_5 = 2\,i$.

A) Representar en $\Re^2$.

B) Calcular:

1) $z_1\ z_2$; 2) $(z_1 + z_2)\,z_5$; 3) $\dfrac{(z_2 + \overline{z_1})\,z_4}{\overline{z_3 z_5}}$

2) Representar en $\Re^2$, los resultados de las operaciones de 1) .

II.4 Espacios cartesianos.

Para $\Re$, conjunto de los números reales, tenemos:

$$\Re^3 = \Re x \Re x \Re = \{(x_1, x_2, x_3) | x_1, x_2, x_3 \in \Re\}$$

Sean r_1, r_2, r_3, ejes coordenados que se intersectan en un punto O, formando ángulos de 90°. Denotémosle **x, y, z**. A **x** lo llamaremos abscisa, **y** ordenada y **z** cota.

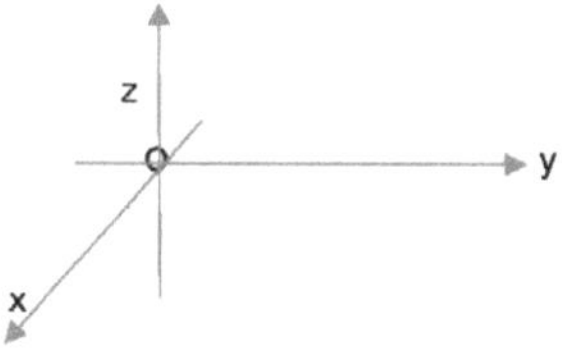

Cada punto queda representado por la terna ordenada **(x, y, z)**. Tal que a cada terna ordenada corresponde un punto en $\Re^3$.

....

$$\Re^n = \Re x \Re x \Re x \ldots x \Re x \Re x \Re = \{(x_1, x_2, \ldots, x_n) | x_1, x_2, \ldots, x_n \in \Re\},$$

geométricamente representa los puntos en el espacio **n**-dimensional.

Cada elemento es expresado por la n-iada $(x_1, x_2, \ldots, x_n) \in \Re^n$

Como es conocido para valores de n ≥ **4**, no es posible la representación geométrica de: longitud, ángulo, sistema canónico de vectores.

El concepto producto escalar, presentado en el epígrafe anterior. Permite generalizar y estudiar: magnitud, ángulo, sistema canónico de vectores. En espacios de dimensiones mayor o igual a 4.

Ejercicios propuestos.

1- Represente los vectores de $\Re^3$: i =(1,0,0), j =(0,1,0), k =(0,0,1).

2-Escriba las expresiones para calcular:

a) Producto Escalar.

b) Magnitud de vector.

c) Ángulo entre vectores.

Para elementos de los espacios: $\Re^3$, $\Re^4$.

3-Muestre que el sistema de vectores S= { i, j, k }. Es el sistema canónico de $\Re^3$.

4- ¿ Existen otros sistemas de vectores que cumplan las propiedades de S ?. Justifique con ejemplos.

II.5 Recta en el plano XoY.

Una recta queda definida por dos puntos, sobre el plano X o Y.

Puede entenderse analíticamente como: una función de una variable real independiente, un polinomio de grado 1, de coeficientes reales, en la variable independiente x $\in \Re$.

Ecuación explícita de una recta r.

A x + By + C = 0; A , B, C$\in \Re$, despejando **y** obtenemos

$$y = \frac{-C - Ax}{B} = -\frac{C}{B} - \frac{A}{B}x\ ;\ m = -\frac{C}{B},\ n = -\frac{A}{B},$$

y = m x + n,

Geométricamente una recta queda definida por el conjunto de pares ordenados, **(x, m x + n)**, que definen el lugar geométrico, de una línea sin salto, ni curvatura. Conjunto de puntos del plano que satisfacen la ecuación, y = m x + n.

Sean los puntos fijo sobre el plano X o Y, $A(x_A, y_A)$, $B(x_B, y_E)$, y un punto cualquiera P(x, y) de X o Y. Los puntos estarán alineados cuando, los vectores $\overline{AB}$ y $\overline{BP}$ tengan la misma dirección, esdecir, se satisface,

$$\boxed{\frac{x - x_A}{x_B - x_A} = \frac{y - y_A}{y_B - y_A}}$$

Despejando **y**, obtenemos la ecuación de la recta **y = mx + n,** donde,

m = $\frac{y_B - y_A}{x_B - x_A}$ define la pendiente, el punto, **x = 0**, **y = n =** $\frac{y_A - y_B}{x_B - x_A}x_A + y_A$, el intersecto en el eje de las ordenadas.

Sea la recta **r** que pasa por los puntos $A(x_A, y_A)$, $B(x_B, y_B)$. El punto medio del segmento definido por $\overrightarrow{AB}$, denotemolo M, es,

$$M = \left(\frac{x_A + x_B}{2}, \frac{y_A + y_B}{2}\right)$$

Dado el sistema coordenado XoY. Las rectas r_1, r_2, responden a la ecuación de la forma,

$y = m x + n$ y, la recta r_3 a la ecuación $y = m x$, $n = 0$.

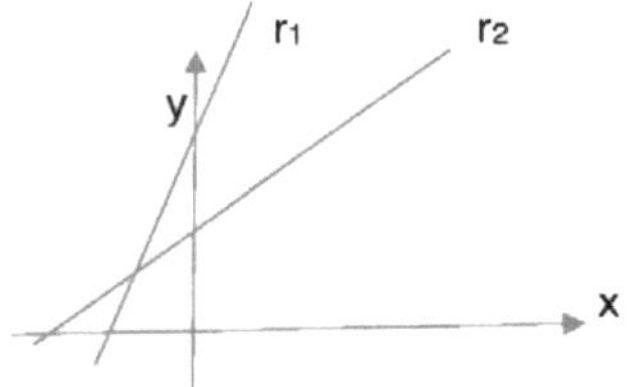

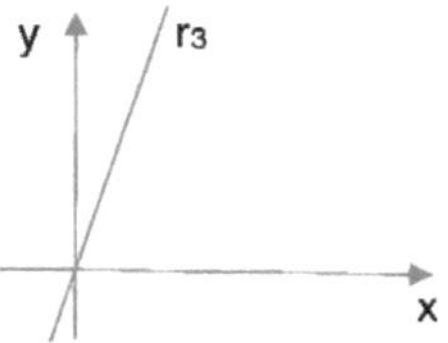

Dada dos rectas r_1, r_2, decimos que son **perpendiculares** si se cortan formando un ángulo recto (un ángulo de 90 grados).

Las rectas **perpendiculares** a la recta $y = m x + n$, son todas las rectas para las que se cumple, el producto de las pendientes es igual -1, se decir, su ecuación responde a $y = (-1/m) x + n$.

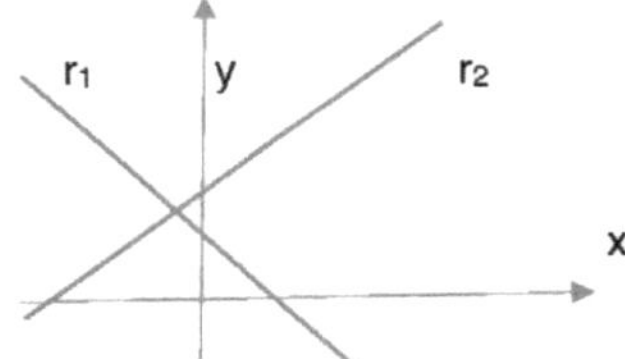

En el plano, dos rectas son **paralelas** cuando no se intersectan, no tienen puntos en común. **Tienen la misma pendiente, m.**

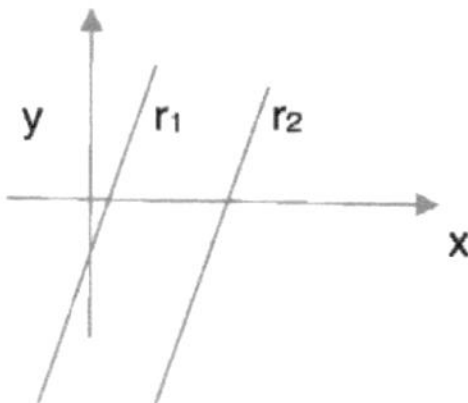

Ejercicios propuestos.

I.- Escribe la ecuación general de la recta **r**, que pasa por los puntos (1, 0) y (3, 6).

Hallar la ecuación de la recta **s**, paralela a **y = 0,5 x**, que pasa por el punto (4, 4).

Mostrar si existe el punto de intersección de las rectas **r** y **s**.

II.- Hallar el punto medio del segmento de extremos P(2, 1) y Q(−4, 3).

III.- Escribir la ecuación general de la recta **r**, que pasa por los puntos (0, 5) y (1, 2). Obtener la ecuación de la recta **s**, paralela a, 2x + y = 3, que pasa por el punto (1, 1).

Hallar el punto de intersección de las rectas r y s.

Capitulo III: Conjunto $M_{mxn}(\Re)$.

Hasta el momento hemos presentado conjuntos cuyos elementos están caracterizados por presentar magnitud **N, Z, Q, I,** $\Re$ y conjuntos caracterizados por presentar magnitud y dirección $\Re^2, \Re^3, \dots, \Re^n$.

Comenzamos el estudio de un nuevo conjunto. El conjunto **$M_{mxn}(\Re)$,** cuyos elementos se llaman matrices. Presentamos las operaciones y propiedades fundamentales. Como algunas aplicaciones.

III.1 Matriz.

Modelo matemático de una tabla rectangular. El conjunto **$M_{mxn}(\Re)$,** representa el conjunto de las matrices con **m filas y n columnas,** cuyos elementos son números reales.

Ejemplo: La empresa COMPUTRON comercializadora de piezas de computadoras vende 4 productos de 3 proveedores diferentes. La empresa lleva la información de cuántas unidades de cada producto se vendieron en un determinado período a través de la siguiente tabla:

Proveedor / Producto	Discos duros	Memorias	Tarjetas de video	Monitores
Intel	50	60	45	70
Macintosh	20	30	15	25
NVidia	10	25	20	35

Esta información se puede expresar a través de una matriz de tres filas y cuatro columnas que la denotaremos con la letra A.

$$A_{3x4} = \begin{pmatrix} 50 & 60 & 45 & 70 \\ 20 & 30 & 15 & 25 \\ 10 & 25 & 20 & 35 \end{pmatrix}$$

En general las matrices se denotan con letras mayúsculas, no es necesario definir de forma explícita el número de filas y columnas puesto queda claro en su representación.

Sea A_{mxn}, entonces, A= $\begin{bmatrix} a_{11} & a_{12} & a_{13} & .... & a_{1n} \\ a_{21} & a_{22} & a_{23} & .... & a_{2n} \\ .... & .... & .... & .... & .... \\ a_{m1} & a_{m2} & a_{m3} & .... & a_{mn} \end{bmatrix}$; la matriz de m filas y n columnas,

donde los elementos $a_{ij} \in \Re$, para i=1,2,3,…,m; j=1,2,3,…,n.

El orden de la matriz es el número de filas y de columnas por las que está formada. A es una matriz de orden mxn. La matriz puede aparecer entre paréntesis, corchetes o doble barras. De forma abreviada se escribe, A= (a_{ij}), para i=1,2,3,…,m; j=1,2,3,…,n. Esta forma es práctica para desarrollar las demostraciones de propiedades y teoremas sobre matrices.

Ejemplo: Sean las matrices:

A = $\begin{pmatrix} 1 & 2 & 3 & 4 \\ 3 & 1 & 2 & 0 \\ 3 & -1 & 1 & 2 \end{pmatrix}$; B = $\begin{bmatrix} 1 & -1 \\ 2 & 0 \\ 1 & 3 \end{bmatrix}$; C = $\begin{Vmatrix} -3 & -1 & 4 \\ -2 & 3 & 1 \\ -1 & 2 & 3 \end{Vmatrix}$

A orden 3x4, B orden 3x2, C orden 3x3

Cuando el número de filas y columnas coinciden m=n, se acostumbra a decir que la matriz es cuadrada de orden n. C cuadrada de orden 3.

III.2 Subconjuntos de M_{mxn} ($\Re$).

Sea $\mathbf{M_{1xn}}(\Re) \subset \mathbf{M_{mxn}}(\Re)$. Conjunto de las matrices de orden 1xn, o sea, matrices con una fila y n columnas. **Matriz fila.**

Ejemplo 1: $F = (0 \quad -2 \quad 1 \quad -3)_{1x4}$

Sea $\mathbf{M_{mx1}}(\Re) \subset \mathbf{M_{mxn}}(\Re)$. Conjunto de las matrices de orden mx1, o sea, matrices con m filas y 1 columna. **Matriz columna.**

Ejemplo 2: $C = \begin{bmatrix} -1 \\ 0 \\ 2 \end{bmatrix}_{3x1}$

Sea **Mmxm** ($\Re$)= $\{a_{ij} = 0, \text{para todo } i \neq j\} \subset$ **Mmxn** ($\Re$). Conjunto de matrices cuadradas, con al menos un elemento de la diagonal principal distinto de ceros, $a_{ij} \neq 0, \text{para todo } i = j$. **Matriz diagonal**.

Ejemplo 3: $D = \begin{bmatrix} 2 & 0 \\ 0 & 1 \end{bmatrix}_{2x2}$

Sea **Mmxm** ($\Re$)= $\{a_{ij} = 1, \text{para todo } i = j; \quad a_{ij} = 0, \text{para todo } i \neq j\} \subset$ **Mmxn** ($\Re$). Conjunto de matrices diagonales, cuyos elementos de la diagonal principal todos igual 1. **Matriz identidad**. La unidad para el conjunto **Mmxm** ($\Re$).

Ejemplo 4: $I = \begin{bmatrix} 1 & 0 & 0 \\ 0 & 1 & 0 \\ 0 & 0 & 1 \end{bmatrix}_{3x3}$

Sea **Mmxn** ($\Re$)= $\{a_{ij} = 0, \text{para todo } i, j\}$. Conjunto de matrices con todos los elementos nulos. **Matriz nula**.

Ejemplo 5: $O = \begin{bmatrix} 0 & 0 & 0 \\ 0 & 0 & 0 \\ 0 & 0 & 0 \end{bmatrix}_{3x3}$

Sea **Mmxm** ($\Re$)= $\{a_{ij} = a_{ji}, \text{para todo } i \neq j\} \subset$ **Mmxn** ($\Re$). Conjunto de matrices cuadradas, los elementos son iguales respecto a la diagonal principal, como eje de simetría. **Matriz simétrica.**

Ejemplo 6: $A = \begin{bmatrix} 1 & 3 & 5 \\ 3 & 2 & -1 \\ 5 & -1 & 4 \end{bmatrix}_{3x3}$

Sea **Mmxm** ($\Re$)= $\{a_{ij} = -a_{ji}, \text{para todo } i \neq j\} \subset$ **Mmxn** ($\Re$). Conjunto de matrices cuadradas, los elementos son iguales, pero de signo contrario respecto a la diagonal principal, como eje de simetría. **Matriz antisimétrica.**

Ejemplo 7: $A = \begin{bmatrix} 0 & -2 & -1 \\ 2 & 0 & 3 \\ 1 & -3 & 0 \end{bmatrix}_{3x3}$

Sea M$_{mxm}$ **(** $\Re$ **)=** $\{a_{ij} = 0, \text{para todo } i > j\} \subset$ **M**$_{mxn}$ **(** $\Re$ **).** Conjunto de matrices cuadradas, los elementos bajo la diagonal principal todos iguales a cero. **Matriz diagonal superior.**

Ejemplo 8: $E = \begin{bmatrix} 3 & -1 & 7 & 0 \\ 0 & 2 & 0 & 1 \\ 0 & 0 & -1 & 0 \\ 0 & 0 & 0 & 5 \end{bmatrix}_{4x4}$

Sea M$_{mxm}$ **(** $\Re$ **)=** $\{a_{ij} = 0, \text{para todo } i < j\} \subset$ **M**$_{mxn}$ **(** $\Re$ **).** Conjunto de matrices cuadradas, los elementos encima de la diagonal principal toda iguales a cero. **Matriz diagonal inferior.**

Ejemplo 9: $J = \begin{bmatrix} 4 & 0 & 0 \\ 2 & 2 & 0 \\ 1 & -3 & 1 \end{bmatrix}_{3x3}$

Ejercicios propuestos:

1. Busque información representada por medio de tablas numéricas, de diferentes actividades productivas e investigativas. Represéntelas por medio de matrices. Determine a qué subconjunto pertenece la representación matricial.
2. Investigue y represente en el lenguaje de conjuntos otros subconjuntos de $\mathbf{M}_{m\times n}(\Re)$.
3. Las siguientes expresiones expresan la ley de formación de los elementos de las siguientes matrices. Escriba sus elementos.

   $A = (a_{ij})$, $a_{ij} = i + j$, para $i, j = 1,2,3$; $B = (b_{ij})$, $b_{ij} = i\,j$, para $i = 1,2,3$, $j = 1,2$;

   $C = (c_{ij})$, $c_{ij} = 2^{j} - i^{2}$, para $j = 1,2,3$, $i = 1,2$.

III.3 Operaciones sobre $M_{mxn}(\Re)$.

1. Igualdad de matrices.

Sean A, B $\in$ **$M_{mxn}(\Re)$.** Se dice que la matriz A es igual a la matriz B, si, A, B son del mismo orden y $a_{ij} = b_{ij}$, para todo i, j.

Ejemplo 1: Dadas las matrices:

A = $\begin{bmatrix} 2 & 1 & 3 \\ 4 & 3 & 7 \end{bmatrix}$; B = $\begin{bmatrix} 2 & 1 & 3 \\ 4 & 3 & 7 \end{bmatrix}$, entonces A = B, pues, A, B son matrices de orden 2 x 3 y los elementos que responden a la misma posición de fila y columna, son iguales. Ejemplo $a_{23} = b_{23}$, 7=7. Se verifica para todos los elementos.

Ejemplo 2: Determine para que valor del parámetro K, A = B:

A = $\begin{bmatrix} 2K^2 - 1 & 3 \\ 6 & 4 \end{bmatrix}$; B = $\begin{bmatrix} 7 & 3 \\ K + 4 & 4 \end{bmatrix}$

Empleando la definición de igualdad de matrices, tenemos: A, B son de orden 2 x 2.

Evidente: $a_{12} = b_{12} = 3$, $a_{22} = b_{22} = 4$. Para,

$a_{11} = b_{11}$; $a_{21} = b_{21}$, obtenemos,

$2K^2 - 1 = 7$; $6 = K + 4$

K = 2 K = 2

K = -2

Sustituyendo los valores de K, mostramos, A = B, para K = 2, $\begin{bmatrix} 7 & 3 \\ 6 & 4 \end{bmatrix} = \begin{bmatrix} 7 & 3 \\ 6 & 4 \end{bmatrix}$.

2. Producto de una matriz A = $[a_{ij}]$ por un escalar μ.

Sea A$\in$ **$M_{mxn}(\Re)$**, A = $[a_{ij}]$, $\mu \in \Re$, entonces existe la única matriz B, B$\in$ **$M_{mxn}(\Re)$**, tal que **$\mu A = \mu [a_{ij}] = [\mu a_{ij}] = B$**, para todo i, j; i=1,2,3,...,m; j=1,2,3,...,n. Es el producto de cada elemento de la matriz por el escalar μ.

Ejemplo 3:Dada A = $\begin{pmatrix} 2 & 3 & 4 \\ -1 & 2 & 1 \end{pmatrix}$ y K = 5 entonces, A$\in$ **$M_{2x3}(\Re)$**

:

$$KA = 5\,A = 5\begin{pmatrix} 2 & 3 & 4 \\ -1 & 2 & 1 \end{pmatrix} = \begin{pmatrix} 10 & 15 & 20 \\ -5 & 10 & 5 \end{pmatrix} = C \in \mathbf{M_{2x3}}(\Re)$$

Propiedades de la multiplicación de un escalar por una matriz.

Cualquiera sea A $\in$ **Mmxn** ($\Re$) y $\alpha, \beta \in \Re$, se cumple:

1. α A = Aα. Para $\alpha = 1$, 1 A = A1=A
2. 0 A = *O*
3. α *O*= *O*
4. α (βA) = (α β) A

3. Suma de matrices.

Sean A, B$\in$ **Mmxn** ($\Re$), entonces existe una única matriz C$\in$ **Mmxn** ($\Re$), tal que,

A + B = (a_{ij}) + (b_{ij})= (a_{ij} + b_{ij}) = (c_{ij}) = C; para todo i, j; i=1,2,3,...,m; j=1,2,3,...,n.

Ejemplo 4:

1) Sea $A = \begin{pmatrix} 1 & 3 & -1 \\ 2 & 4 & 0 \end{pmatrix}$ y $B = \begin{pmatrix} -3 & 2 & 5 \\ 0 & -3 & 1 \end{pmatrix}$; A, B$\in$ **M2x3**($\Re$)

$$A + B = \begin{pmatrix} 1+(-3) & 3+2 & (-1)+5 \\ 2+0 & 4+(-3) & 0+1 \end{pmatrix} = \begin{pmatrix} -2 & 5 & 4 \\ 2 & 1 & 1 \end{pmatrix} = C \in \mathbf{M_{2x3}}(\Re)$$

Propiedades de la suma de matrices.

Sean A, B y C$\in$ **Mmxn** ($\Re$) y $\alpha, \beta \in \Re$.

S_1: A + B = B + A (Conmutativa)

S_2: (A + B) + C = A + (B + C) (Asociativa)

S_3: (α + β)A = α A + β A (Distributiva del producto respecto a la suma de escalares)

S_4: α (A + B) = α A + α B (Distributiva del producto respecto a la suma de matrices)

S_5: A + (-A) = *O* (Existencia de elemento opuesto)

S_6: A + *O*= *O* + A (Existencia de elemento neutro)

4. Producto de matrices.

Sean A$\in$ **M**$_{mxs}$ **(** $\Re$ **)**, B $\in$ **M**$_{sxn}$ **(** $\Re$ **)**, s=1,2,3…,k, entonces existe una única matriz

C$\in$ **M**$_{mxn}$ **(** $\Re$ **)**, tal que, A B = (a_{ij}) (b_{ij})= (a_{ij} b_{ij}) = (c_{ij}) = C; para todo i, j; =1,2,3,…,m; j=1,2,3,…,n.

Observemos, lo anterior expresa que para efectuar el producto de matrices tiene que cumplirse, el número de columnas de A tiene que coincidir con el número de filas de B. La matriz C resultado del producto A B, tiene el número de filas de A y el número de columnas de B.

Entonces: A B = (a_{i1} b_{1j}+a_{i2} b_{2j}+…+a_{ik} b_{kj})= (c_{ij})=C; $c_{ij} = \sum_{s=1}^{k} a_{is}\, b_{sj}$

Ejemplo 5: Si A = $\begin{pmatrix} 1 & 2 & 1 \\ 3 & 2 & 4 \end{pmatrix}_{2x3}$ y B = $\begin{pmatrix} 3 & 0 \\ 1 & 4 \\ 2 & 1 \end{pmatrix}_{3x2}$; hallar C_{2x2} = A B,

$$C = \begin{pmatrix} 1 & 2 & 1 \\ 3 & 2 & 4 \end{pmatrix}\begin{pmatrix} 3 & 0 \\ 1 & 4 \\ 2 & 1 \end{pmatrix} = \begin{pmatrix} 1 & 3+2 & 1+1 & 2 & & 1 & 0+2 & 4+1 & 1 \\ 3 & 3+2 & 1+4 & 2 & & 3 & 0+2 & 4+4 & 1 \end{pmatrix} = \begin{pmatrix} 7 & 9 \\ 19 & 12 \end{pmatrix}$$

Propiedades de la multiplicación de matrices.

Sean A, B y C$\in$ **M**$_{mxn}$ **(** $\Re$ **)** y $\alpha \in \Re$, tal que, los productos AB, AC, BC tienen sentido. Si se cumple:

M_1: α (A B) = (α A) B; (Asociativa)

M_2: (A B)C = A (B C); (Asociativa)

M_3: A (B + C) = A B + A C; (Distributiva)

M_4: (A + B) C = A C + B C; (Distributiva)

Observemos que el producto de matrices a diferencia del producto numérico, en general no es conmutativa, A B ≠ B A. Esto es evidente de la condición de existencia del producto, el número de columnas del primer multiplicando tiene que coincidir con el número de filas del segundo. Más el cumplimiento de la condición de existencia de producto de matrices no garantiza A B = B A.

Ejemplo 6: Sean A= $\begin{bmatrix} 2 & 0 \\ 0 & 0 \end{bmatrix}$, B= $\begin{bmatrix} 0 & 0 \\ 6 & 4 \end{bmatrix}$. Como vemos se cumple la condición de existencia del producto, mostremos, A B ≠ B A.

A B = $\begin{bmatrix} 0 & 0 \\ 0 & 0 \end{bmatrix}$; B A = $\begin{bmatrix} 12 & 0 \\ 0 & 0 \end{bmatrix}$; no se cumple la propiedad de igualdad de matrices, entonces A B ≠ B A.

El ejemplo anterior muestra otra particularidad del producto de matrices.

Es conocido, dados $\alpha, \beta \in \Re$, si $\alpha\ \beta = 0$, entonces, $\alpha = 0$, o $\beta = 0$, o $\alpha = \beta = 0$.Es decir el producto entre números es cero si al menos uno de los multiplicando es cero. Como muestra el ejemplo anterior, el producto de matrices no nulas puede dar como resultado una matriz nula A B = $\begin{bmatrix} 0 & 0 \\ 0 & 0 \end{bmatrix}$.

5. Transposición de matriz:

Dada una matriz A $\in$ **M**$_{m\times n}$ **(** $\Re$ **),** se puede construir a partir de A una nueva matriz B, B $\in$ **M**$_{n\times m}$ **(** $\Re$ **).** Llamaremos B matriz transpuesta de A, se denota A^t. Observemos que la nueva matriz A^t cambia el número de fila y columna (orden de la matriz) de A.

Ejemplo 7:

$A_{2x3} = \begin{pmatrix} 1 & 2 & 3 \\ 4 & 1 & 5 \end{pmatrix}$, entonces, $A^t_{3x2} = \begin{pmatrix} 1 & 4 \\ 2 & 1 \\ 3 & 5 \end{pmatrix}$

Propiedades de la traspuesta de una matriz:

$(A + B)^t = A^t + B^t$

$(A\ \ B)^t = B^t\ \ A^t$

$(A^t)^t = A$

El producto y la transposición de matriz, nos proporciona nuevas formas para expresar: **producto escalar, forma cuadrática.**

Consideremos las matrices N, M$\in$ **M_{1xn}($\Re$).** No es difícil aceptar a **N y M** como elementos de $\Re^n$, entonces, **N M^t = $x_1 y_1 + x_2 y_2 + x_3 y_3 + x_4 y_4 + \ldots + x_n y_n$ = < N, M >. Producto es calar en** $\Re^n$**.**

Dada la forma cuadrática, **a x^2 + 2b y x + c y^2**, se puede expresar como el producto **X^t A X** , donde, $\mathbf{X} = \begin{pmatrix} \mathbf{x} \\ \mathbf{y} \end{pmatrix}$, $\mathbf{A} = \begin{pmatrix} \mathbf{a} & \mathbf{b} \\ \mathbf{b} & \mathbf{c} \end{pmatrix}$.

$$(\mathbf{x} \quad \mathbf{y}) \begin{pmatrix} \mathbf{a} & \mathbf{b} \\ \mathbf{b} & \mathbf{c} \end{pmatrix} \begin{pmatrix} \mathbf{x} \\ \mathbf{y} \end{pmatrix} = (\mathbf{ax + by} \quad \mathbf{bx + cy}) \begin{pmatrix} \mathbf{x} \\ \mathbf{y} \end{pmatrix} = \mathbf{ax^2 + byx + bxy + cx^2} =$$

$$= \mathbf{ax^2 + 2bxy + cx^2}.$$

Ejercicios propuestos:

1. Dada las matrices:

$$A=\begin{pmatrix} 1 & 2 & 3 \\ 4 & 1 & 5 \end{pmatrix};\quad J=\begin{bmatrix} 4 & 0 & 0 \\ 2 & 2 & 0 \\ 1 & -3 & 1 \end{bmatrix};\quad E=\begin{bmatrix} 3 & -1 & 7 & 0 \\ 0 & 2 & 0 & 1 \\ 0 & 0 & -1 & 0 \\ 0 & 0 & 0 & 5 \end{bmatrix};\quad P=\begin{pmatrix} -2 & 0 & 1 \\ 0 & 1 & 0 \\ 1 & 0 & -1 \\ 2 & -1 & 1 \end{pmatrix}.$$

Resuelva:

a) $(P^t E + P^t)E + (J A^t)^t A P^t$

b) $(P (A J)^t)^t - A P^t$

c) Verifique, $(P (A J)^t)^t - A P^t = (P^t E + P^t)E + (J A^t)^t A P^t$. Justifique.

2. Exprese las siguientes formas cuadráticas, como un producto matricial.

a) $2x^2 - 2xy + 3y^2$

b) $4x^2 + y^2$

c) xy

III.4 Determinante de una matriz A que pertenece a $M_{nxn}(\Re)$.

Sea $A \in M_{nxn}(\Re)$, llamaremos determinante de A, la ley mediante la cual a cada elemento del conjunto $M_{nxn}(\Re)$ se le hace corresponder uno y sólo un elemento de **R**, $|A| : M_{nxr}(\Re) \rightarrow \Re$

Lo denotaremos: det(A), $|A|$.

Sea $A \in M_{1x1}(\Re)$, A = (a_{11}), det (A) = a_{11}.
Ejemplo 1: Dada A = (-2), det (A) = - 2.

Sea $A \in M_{2x2}(\Re)$, A = $\begin{bmatrix} a_{11} & a_{12} \\ a_{21} & a_{22} \end{bmatrix}$, det (A)= $a_{11}a_{22} - a_{21}a_{21}$.

Ejemplo 2: Dada la B= $\begin{bmatrix} 2 & -3 \\ 4 & 1 \end{bmatrix}$, det (B) = 2 1- (-3) 4 = 2 + 12 = 14.

Sea $A \in M_{3x3}(\Re)$, A = $\begin{bmatrix} a_{11} & a_{12} & a_{13} \\ a_{21} & a_{22} & a_{23} \\ a_{31} & a_{32} & a_{33} \end{bmatrix}$,

det (A) = $a_{11}a_{22}a_{33} + a_{12}a_{23}a_{31} + a_{21}a_{32}a_{13} - (a_{13}a_{22}a_{31} + a_{11}a_{23}a_{32} + a_{12}a_{21}a_{33})$

Ejemplo 3: Dada C= $\begin{pmatrix} 1 & 1 & 2 \\ -1 & 3 & 4 \\ 2 & 0 & 1 \end{pmatrix}$,

det (C) = 1 3 1 + 1 4 2 + (-1) 0 2 – (2 3 2 + 0 4 1+1(-1) 1) = 11 – 11 = 0

Para el cálculo del determinante de una matriz cuadrada A de orden n, el procedimiento a emplear queda definido por la siguiente expresión:

$$\begin{vmatrix} a_{11} & a_{12} & .... & a_{1n} \\ a_{21} & a_{22} & .... & a_{2n} \\ .... & .... & .... & .... \\ a_{n1} & a_{n2} & .... & a_{nn} \end{vmatrix} = a_{11}|A_{11}| - a_{21}|A_{21}| + ... + (-1)^{n+1}a_{n1}|A_{n1}| = \sum_{i=1}^{n}(-1)^{i+1}a_{i1}|A_{i1}|$$

donde $|A_{i1}|$ es el determinante de la matriz A_{i1} de orden n-1 que se obtiene suprimiendo en la matriz A la i-ésima fila y la primera columna. En la expresión anterior los elementos que preceden a los determinantes corresponden a los elementos de la columna 1.

Por lo tanto en la práctica para calcular determinante de orden superior a 3, se podrá aplicar el anterior procedimiento de forma iterativa, hasta expresar el determinante en términos de determinantes de orden 3.

Debemos observar que el procedimiento anterior ofrece ventajas en la reducción de los cálculos cuando seleccionamos la fila o columna que contenga la mayor cantidad de ceros.

Ejemplo 4: Dada $E = \begin{bmatrix} 3 & -1 & 7 & 0 \\ 0 & 2 & 0 & 0 \\ 0 & -2 & -1 & 0 \\ 0 & 0 & 0 & 5 \end{bmatrix}$. Calcular det(E).

Podemos seleccionar entre la fila 2, 5 y la columna 4. Seleccionamos la columna 4, obtenemos

det (E) =-0 $\begin{pmatrix} 0 & 2 & 0 \\ 0 & -2 & -1 \\ 0 & 0 & 0 \end{pmatrix} + 0 \begin{pmatrix} 3 & -1 & 7 \\ 0 & -2 & -1 \\ 0 & 0 & 0 \end{pmatrix} - 0 \begin{pmatrix} 3 & -1 & 7 \\ 0 & 2 & 0 \\ 0 & 0 & 0 \end{pmatrix} + 5 \begin{pmatrix} 3 & -1 & 7 \\ 0 & 2 & 0 \\ 0 & -2 & -1 \end{pmatrix}$

det (E) = 5 (3 (2) (-1)) = - 30.

Proponemos al lector verifique el resultado calculando el determinante seleccionando las filas 2 y 5.

III.4.1Algunas propiedades del determinante de una matriz A de M_{nxn} ($\Re$).

Las propiedades que se presentan están dirigidas a facilitar el cálculo del determinante de las matrices:

Sea A = $\begin{bmatrix} a_{11} & a_{12} \\ a_{21} & a_{22} \end{bmatrix}$, con det (A)= $a_{11}a_{22} - a_{12}a_{21}$.

- Si permutamos filas (columnas) de A, el determinante varía su signo:

B= $\begin{bmatrix} a_{21} & a_{22} \\ a_{11} & a_{12} \end{bmatrix}$, matriz resultante de permutar la primera fila con la segunda fila de A. Entonces, det(B) = $a_{21}a_{21} - a_{11}a_{22} = -(a_{11}a_{22} - a_{21}a_{21}) = -\det(A)$

- Si una fila (columna) de A es cero, el det(A)=0.

A= $\begin{bmatrix} a_{11} & 0 \\ a_{21} & 0 \end{bmatrix}$, det(A)= $a_{11}\,0 - 0\,a_{21} = 0$.

- Si dos filas (columnas) de A son iguales, el det(A)=0.

A= $\begin{bmatrix} a_{11} & a_{12} \\ a_{11} & a_{12} \end{bmatrix}$, det (A)= $a_{11}a_{12} - a_{12}a_{11} = 0$.

- Si dos filas (columnas) de A son proporcionales, el det(A)=0.

A= $\begin{bmatrix} a_{11} & a_{12} \\ ka_{11} & ka_{12} \end{bmatrix}$, det (A)= $ka_{11}a_{12} - ka_{12}a_{11} = 0$.

Cuando el determinante de una matriz es cero, det(A) = 0, decimos que la matriz es singular.

- El det (A^t) = det (A).

A^t = $\begin{bmatrix} a_{11} & a_{21} \\ a_{12} & a_{22} \end{bmatrix}$, det ($A^t$)= $a_{11}a_{12} - a_{12}a_{21}$ = det (A).

Los resultados obtenidos son válidos para determinantes de matrices de orden 3, hasta determinantes de matrices de orden n.

Ejercicios Propuestos:

Calcule el determinante de las siguientes matrices:

$$J = \begin{bmatrix} 4 & 0 & -2 \\ 2 & 2 & 0 \\ 1 & -3 & 1 \end{bmatrix}; \quad M = \begin{bmatrix} 0 & 0 & 0 \\ 2 & 5 & 0 \\ 1 & -3 & 1 \end{bmatrix}; E = \begin{bmatrix} 3 & -1 & 7 & 0 \\ 0 & 2 & 0 & 1 \\ 0 & 0 & -1 & 0 \\ 0 & 0 & 0 & 5 \end{bmatrix}; N = \begin{bmatrix} 3 & -1 & 7 & 0 \\ 1 & 2 & 0 & 1 \\ 0 & 0 & -1 & 0 \\ 3 & 0 & 0 & 5 \end{bmatrix}$$

$$A = \begin{bmatrix} 0 & -2 & -1 \\ 2 & 0 & 3 \\ 1 & -3 & 0 \end{bmatrix}; B = \begin{bmatrix} 0 & -2 & -1 \\ 2 & 0 & 3 \\ 4 & 0 & 6 \end{bmatrix}$$

III.5 Menor y Cofactor de una $A \in M_{nxn}(\Re)$.

Las siguientes definiciones, generan un procedimiento para el cálculo del determinante de forma constructiva.

Menor: Llamamos menor de un elemento a_{ij} de una matriz $A \in \mathbf{M_{nxn}}(\Re)$, al determinante de orden n-1 que resulta de suprimir la fila **i** y la columna **j**.

Ejemplo 1: Sea $A=\begin{pmatrix} 1 & 1 & 2 \\ -1 & 3 & 4 \\ 2 & 0 & 1 \end{pmatrix}$. Escribir los menores correspondientes a los elementos: a_{13}, a_{23}, a_{12}.

M_{13} se elimina fila 1 y la columna 3.

$M_{13}=\begin{vmatrix} -1 & 3 \\ 2 & 0 \end{vmatrix}=-6$;

M_{23} se elimina fila 2 y la columna 3.

$M_{23}=\begin{vmatrix} 1 & 1 \\ 2 & 0 \end{vmatrix}=-2$;

M_{12} se elimina fila 1 y la columna 2.

$M_{12}=\begin{vmatrix} -1 & 4 \\ 2 & 1 \end{vmatrix}=-9$

Cofactor o complemento algebraico: Se denomina cofactor o complemento algebraico de un elemento a_{ij} de la matriz $\mathbf{A} \in \mathbf{M_{nxn}}(\Re)$, al menor M_{ij} precedido del signo $(-1)^{i-j}$, donde **i** designa a la fila y **j** a la columna, que se eliminan.

Para cada elemento de A calculamos el correspondiente cofactor, obtenemos una nueva matriz,

$$\mathbf{C}=\begin{bmatrix} c_{11} & c_{12} & c_{13} & \cdots & c_{1n} \\ c_{21} & c_{22} & c_{23} & \cdots & c_{2n} \\ \cdots & \cdots & \cdots & \cdots & \cdots \\ c_{m1} & c_{m2} & c_{m3} & \cdots & c_{mn} \end{bmatrix}$$

C, se llama matriz de los cofactores de A.

Ejemplo 2: Sea A= $\begin{pmatrix} 1 & 1 & 2 \\ -1 & 3 & 4 \\ 2 & 0 & 1 \end{pmatrix}$. Escribir los cofactores correspondientes a los elementos: a_{13}, a_{23}.

$c_{13}= (-1)^{1+3} M_{13} = (1)\begin{vmatrix} -1 & 3 \\ 2 & 0 \end{vmatrix} =-6$; $c_{23}= (-1)^{2+3} M_{23} =(-1) \begin{vmatrix} 1 & 1 \\ 2 & 0 \end{vmatrix} =-2$.

Proponemos al lector calcular los demás cofactores. Escribir la matriz de los cofactores correspondiente a A.

Ejemplo 3: Sea A = $\begin{bmatrix} a_{11} & a_{12} \\ a_{21} & a_{22} \end{bmatrix}$, calculando los cofactores obtenemos: $c_{11}= a_{22}$, $c_{12}= -a_{21}$, $c_{21}= -a_{12}$, $c_{22}= a_{11}$. Escribimos la matriz de los cofactores, C = $\begin{bmatrix} c_{11} & c_{12} \\ c_{21} & c_{22} \end{bmatrix} = \begin{bmatrix} a_{11} & -a_{21} \\ -a_{12} & a_{22} \end{bmatrix}$

Lo anterior nos permite calcular el determinante de una matriz $\mathbf{A} \in \mathbf{M_{nxn}}\ (\Re)$, como la suma de los productos de los elementos de cualquiera de sus columnas (filas) por los correspondientes cofactores:

$$\begin{vmatrix} a_{11} & a_{12} & a_{13} & .... & a_{1n} \\ a_{21} & a_{22} & a_{23} & .... & a_{2n} \\ .... & .... & .... & .... & .... \\ a_{m1} & a_{m2} & a_{m3} & .... & a_{mn} \end{vmatrix} = a_{11}c_{11}+ a_{12}c_{12} + a_{13}c_{13} +...+ a_{1n}c_{1n} = \sum_{j=1}^{n} a_{1j}c_{1j}$$

La expresión está definida para los elementos de la primera fila. Aquí también es conveniente seleccionar la fila o columna, que contenga la mayor cantidad de cero, lo que reduce el número de cálculos.

Ejemplo 4:

Calcular: $\begin{vmatrix} 2 & 1 & -1 & 0 \\ 3 & 1 & 2 & 6 \\ 1 & 3 & 4 & 2 \\ 2 & -1 & 1 & 3 \end{vmatrix} = 2(-1)^2 \begin{vmatrix} 1 & 2 & 6 \\ 3 & 4 & 2 \\ -1 & 1 & 3 \end{vmatrix} + 1(-1)^3 \begin{vmatrix} 3 & 2 & 6 \\ 1 & 4 & 2 \\ 2 & 1 & 3 \end{vmatrix} + (-1)(-1)^4 \begin{vmatrix} 3 & 1 & 6 \\ 1 & 3 & 2 \\ 2 & -1 & 3 \end{vmatrix} =$

$= 2(26+4) - (50-60) - (25-33) = 60 -10 + 8 = 58.$

Ejercicios Propuestos:

Calcule la matriz de los cofactores de las siguientes matrices:

$$J = \begin{bmatrix} 4 & 0 & -2 \\ 2 & 2 & 0 \\ 1 & -3 & 1 \end{bmatrix}; \quad M = \begin{bmatrix} 0 & 0 & 0 \\ 2 & 5 & 0 \\ 1 & -3 & 1 \end{bmatrix}; E = \begin{bmatrix} 3 & -1 & 7 & 0 \\ 0 & 2 & 0 & 1 \\ 0 & 0 & -1 & 0 \\ 0 & 0 & 0 & 5 \end{bmatrix}; N = \begin{bmatrix} 3 & -1 & 7 & 0 \\ 1 & 2 & 0 & 1 \\ 0 & 0 & -1 & 0 \\ 3 & 0 & 0 & 5 \end{bmatrix}$$

III.6 Aplicación de los determinantes de orden dos y tres.

Una aplicación interesante del determinante de orden tres es la aplicación a la solución del problema:

1. Calcular el área del paralelogramo formado por los vectores **$v_1=(x_1, y_1, z_1)$, $v_2=(x_2, y_2, z_2)$ de $\Re^3$.**

Llamaremos **producto vectorial** de los vectores v_1, v_2, al vector $v = v_1 \times v_2$,

$$v_1 \times v_2 = \begin{vmatrix} i & j & k \\ x_1 & y_1 & z_1 \\ x_2 & y_2 & z_2 \end{vmatrix} = (y_1 z_2 - y_2 z_1)i + (x_1 z_2 - x_2 z_1)j + (x_1 y_2 - x_2 y_1)k =$$

$$= (y_1 z_2 - y_2 z_1, x_1 z_2 - x_2 z_1, x_1 y_2 - x_2 y_1)$$

Los vectores i, j, k, definen el sistema canónico de $\Re^3$.

Si v_1, v_2 son colineares entonces v es el vector nulo. Esto es evidente de la propiedad del determinante. Si dos filas del determinante son proporcionales entonces este es igual cero.

Si v_1, v_2 no son colineares entonces v es perpendicular a los vectores v_1, v_2. Su magnitud, es igual al área del paralelogramo que se formado por los vectores v_1, v_2. La que es calculada por la expresión,

$|v| = |v_1| |v_2| \operatorname{sen} \mu$; $0 \leq \mu \leq \pi$; μ, ángulo entre los vectores v_1, v_2.

Es evidente que lo anterior es válido para vectores v_1, v_2 de $\Re^2$.

Otra observación importante. La expresión para el cálculo del área del paralelogramo, permite el cálculo del valor del ángulo μ, entre los vectores v_1, v_2.

$$\operatorname{sen}\mu = \frac{|v|}{|v_1| |v_2|}; \quad \mu = \arcsen\left(\frac{|v|}{|v_1| |v_2|}\right)$$

2. Dado los puntos A, B del plano. Definamos el vector v, como muestra la figura. Sobre el punto B actúa una fuerza F.

Determinar el momento M_A, de la fuerza F, sobre el punto A.

M_A, es un vector perpendicular a los vectores v, F, definida por el producto vectorial,

Dados los vectores a = 3·i + j y b = (2 , 3), determina su producto vectorial.

Vector a = 3·i + j → (3 , 1)

Vector b = 2·i + 3 j → (2 , 3)

a x b = $\begin{vmatrix} i & j & k \\ 3 & 1 & 0 \\ 2 & 3 & 0 \end{vmatrix} = \mathbf{3 \,.\, 3 \,.\, k - 1 \,.\, 2 \,.\, k = 7k}$

Un vector sobre el eje Z, perpendicular a los vectores **a, b** sobre el plano XOY.

Dados los vectores a = 3·i + j y b = (2 , 3), determina su producto vectorial.

Vector a = 3·i + j → (3 , 1)

Vector b = 2·i + 3 j → (2 , 3)

a x b = $\begin{vmatrix} i & j & k \\ 3 & 1 & 0 \\ 2 & 3 & 0 \end{vmatrix} = \mathbf{3 \,.\, 3 \,.\, k - 1 \,.\, 2 \,.\, k = 7k}$

Un vector sobre el eje Z, perpendicular a los vectores a, b sobre el plano XOY.

I a x b I = $\sqrt{(7k)^2} = \mathbf{7u^2}$**,** que es el área del paralelogramo formado con los vectores **a , b.**

= $\sqrt{(7k)^2} = \mathbf{7u^2}$**,** que es el área del paralelogramo formado con los vectores **a , b.**

= v x F

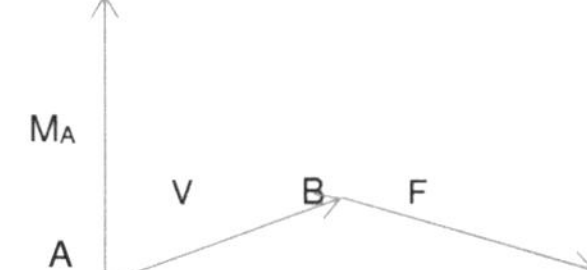

La magnitud de M_A, es el área del paralelogramo formada por los vectores **v, F**.

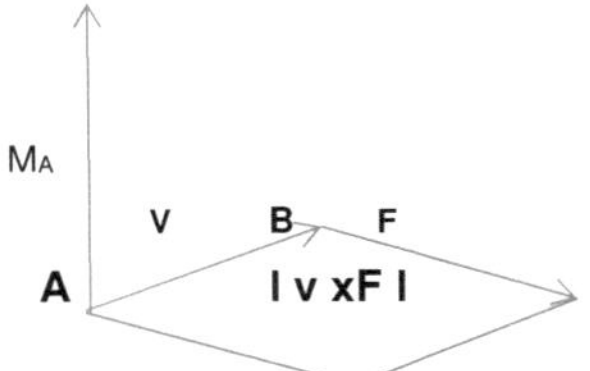

Otro problema que muestra la utilidad del cálculo del determinarte, es el siguiente:

3. Dado cuatro puntos de $\Re^3$, $A_1 = (x_1,y_1,z_1)$, $A_2 = (x_2,y_2,z_2)$, $A_3 = (x_3,y_3,z_3)$,

$A_4 = (x_4,y_4,z_4)$. Determinar si se encuentran sobre el mismo plano.

Si los puntos se encuentran sobre el mismo plano, los vectores, $v_1= A_1A_2$, $v_2= A_1A_3$, $v_3= A_1A_4$, también están sobre el mismo plano.

4. **Producto mixto (producto vectorial-escalar),** de los vectores $v_1= A_1A_2$,

$v_2= A_1A_3$, $v_3= A_1A_4$, el escalar $\left\langle v_1 \text{ x } v_2 \,,\, v_3 \right\rangle$,

$$\left\langle \mathbf{v_1 \text{ x } v_2 \,,\, v_3} \right\rangle = \begin{vmatrix} x_2 - x_1 & y_2 - y_1 & z_2 - z_1 \\ x_3 - x_1 & y_3 - y_1 & z_3 - z_1 \\ x_4 - x_1 & y_4 - y_1 & z_4 - z_1 \end{vmatrix} =$$
$$= (x_2 - x_1)\,\{(y_3 - y_1)(z_4 - z_1) - (z_3 - z_1)(y_4 - y_1)\} -$$
$$- (y_2 - y_1)\,\{(x_3 - x_1)(z_4 - z_1) - (z_3 - z_1)(x_4 - x_1)\} +$$
$$+ (z_2 - z_1)\,\{(x_3 - x_1)(y_4 - y_1) - (y_3 - y_1)(x_4 - x_1)\}$$

Lo anterior lo podemos expresar,

$$\left\langle v_1 \text{ x } v_2 \,,\, v_3 \right\rangle = \text{I}v_1 \text{ x } v_2\text{I} \text{ proy}_{\,v_1 \text{x} v_2} \mathbf{v_3} = \text{I}v_1\text{ I }\text{I}v_2\text{ I} \operatorname{sen} \mu \text{ proy}_{\,v_1 \text{x} v_2} \mathbf{v_3},$$

Geométricamente el producto mixto expresa el volumen del paralelepípedo construido con los vectores v_1, v_2, v_3. Donde $\text{proy}_{\,v_1 \text{x} v_2} \mathbf{v_3}$ es la altura del paralelepípedo.

Para el producto mixto es válido,

$$\langle \mathbf{v}_1 \times \mathbf{v}_2 , \mathbf{v}_3 \rangle = \langle \mathbf{v}_3 \times \mathbf{v}_1 , \mathbf{v}_2 \rangle = \langle \mathbf{v}_2 \times \mathbf{v}_3 , \mathbf{v}_1 \rangle.$$

Lo anterior es evidente de las propiedades del determinante.

Si $\langle \mathbf{v}_1 \times \mathbf{v}_2 , \mathbf{v}_3 \rangle = 0$, $\mathbf{v}_1 \times \mathbf{v}_2$ perpendicular a $\mathbf{v}_3$, entonces $\mathbf{v}_3$ se encuentra en el mismo plano de $\mathbf{v}_1$, $\mathbf{v}_2$. Los puntos $A_1 = (x_1,y_1,z_1)$, $A_2 = (x_2,y_2,z_2)$, $A_3 = (x_3,y_3,z_3)$, $A_4 = (x_4,y_4,z_4)$ están sobre el mismo plano.

III.7 Matrices equivalentes por fila.

Sea $A \in \mathbf{M}_{m\times n}(\Re)$. $B \in \mathbf{M}_{m\times n}(\Re)$ es equivalente a A por fila, si se obtiene de A, por medio de una sucesión de **operaciones elementales por fila.** Se denota **A~B**.

Las operaciones:

1.- Permutar (intercambiar) dos filas cualesquiera de la matriz.

2.- Multiplicación de todos los elementos de una fila de la matriz, por un número diferente de cero.

3.- Reemplazar los elementos de la fila **i+1** de la matriz, por la suma, del producto del escalar $-\frac{a_{i+1j}}{a_{ii}}$ por los elementos de la fila **i** más los elementos de la fila **i+1.**

Definen, operaciones elementales por filas de una matriz.

La matriz B, obtenida mediante las operaciones elementales por fila, se caracteriza por poseer en cada fila un mayor número de elementos ceros que precede al primer elemento no nulo de la fila, si existieran elementos no nulos. En orden descendiente de las filas. Entonces, B se define como un matriz escalón **por filas.**

Ejemplo 1: Sean,

$$A = \begin{bmatrix} 2 & -1 & -2 \\ 0 & -5 & 3 \\ 0 & 0 & 1 \end{bmatrix} \qquad B = \begin{bmatrix} 1 & 2 & 3 \\ 0 & -1 & 4 \\ 0 & 0 & 2 \\ 0 & 0 & 0 \end{bmatrix} \qquad C = \begin{bmatrix} 4 & 0 & -1 & 3 & 0 \\ 0 & 0 & 4 & -1 & 3 \\ 0 & 0 & 0 & 7 & -1 \\ 0 & 0 & 0 & 0 & 8 \end{bmatrix}$$

Los ejemplos muestran que los elementos igual cero de las filas en las matrices A, B, C, crecen,a medida que descendemos por fila. Diseñando escalones.
Para transformar una matriz A en un matriz escalón realizaremos una sucesión finita de operaciones elementales, hasta obtener una matriz escalón B, equivalente a la matriz A.

El algoritmo que presentaremos, no es único, pero facilita su realización computacional para obtener el matriz escalón por fila.
Presentamos el algoritmo en casos particulares, que ilustran como proceder:

Caso I.

$A = \begin{pmatrix} a_{11} & a_{12} & a_{13} \\ a_{21} & a_{22} & a_{23} \end{pmatrix}$, denotemos por f_1, f_2, las filas de A. Consideremos f_1, fila pivote (fija). Multipliquémosla por el escalar $-\frac{a_{21}}{a_{11}}$ y sumémosle con f_2, $(-\frac{a_{21}}{a_{11}}f_1 + f_2)$. Para hacer cero a_{21}.
Los elementos obtenidos se sustituyen en f_2,

$$\begin{pmatrix} a_{11} & a_{12} & a_{13} \\ a_{11}\left(-\frac{a_{21}}{a_{11}}\right) + a_{21} & a_{12}\left(-\frac{a_{21}}{a_{11}}\right) + a_{22} & a_{13}\left(-\frac{a_{21}}{a_{11}}\right) + a_{23} \end{pmatrix},$$

$B = \begin{pmatrix} a_{11} & a_{12} & a_{13} \\ 0 & b_{22} & b_{23} \end{pmatrix}$, donde los elementos, b_{22}, b_{23}, pueden ser cero.

Caso II.

$A = \begin{pmatrix} a_{11} & a_{12} \\ a_{21} & a_{22} \\ a_{31} & a_{32} \end{pmatrix}$, denotemos por f_1, f_2, f_3, las filas de A. Consideremos f_1, fila pivote (fija).
Multipliquémosla por el escalar $-\frac{a_{21}}{a_{11}}$ y sumémosle con f_2, $(-\frac{a_{21}}{a_{11}}f_1 + f_2)$. Para hacer cero a_{21}.
Los elementos obtenidos se sustituyen en f_2,

$$\begin{pmatrix} a_{11} & a_{12} \\ a_{11}\left(-\frac{a_{21}}{a_{11}}\right) + a_{21} & a_{12}\left(-\frac{a_{21}}{a_{11}}\right) + a_{22} \\ a_{31} & a_{32} \end{pmatrix},$$

$$\begin{pmatrix} a_{11} & a_{12} \\ 0 & a_{12}\left(-\dfrac{a_{21}}{a_{11}}\right) + a_{22} \\ a_{31} & a_{32} \end{pmatrix}$$

Continuamos iterativamente, para hacer cero a_{31}.

f_1, fila pivote. Multipliquémosla por el escalar $-\frac{a_{31}}{a_{11}}$ y sumémosle con f_3, $(-\frac{a_{31}}{a_{11}}f_1 + f_3)$. Los elementos obtenidos se sustituyen en f_3,

$$\begin{pmatrix} a_{11} & a_{12} \\ 0 & a_{12}\left(-\frac{a_{21}}{a_{11}}\right) + a_{22} \\ a_{11}\left(-\frac{a_{31}}{a_{11}}\right) + a_{31} & a_{12}\left(-\frac{a_{31}}{a_{11}}\right) + a_{32} \end{pmatrix},$$

$$\begin{pmatrix} a_{11} & a_{12} \\ 0 & a_{12}\left(-\frac{a_{21}}{a_{11}}\right) + a_{22} \\ 0 & a_{12}\left(-\frac{a_{31}}{a_{11}}\right) + a_{32} \end{pmatrix}$$, para logra el escalón, hacer cero, $a_{12}\left(-\frac{a_{31}}{a_{11}}\right) + a_{32}$.

Cambiemos la fila pivote, a f_2. Multipliquémosla por el escalar $-\frac{a_{12}\left(-\frac{a_{31}}{a_{11}}\right)-a_{32}}{a_{12}\left(-\frac{a_{21}}{a_{11}}\right)-a_{22}}$ y sumémosle con f_3, $(-\frac{a_{12}\left(-\frac{a_{31}}{a_{11}}\right)+a_{32}}{a_{12}\left(-\frac{a_{21}}{a_{11}}\right)+a_{22}}\ f_2 + f_3)$. Los elementos obtenidos se sustituyen en f_3,

$$\begin{pmatrix} a_{11} & a_{12} \\ 0 & a_{12}\left(-\dfrac{a_{21}}{a_{11}}\right) + a_{22} \\ 0 & \left(a_{12}\left(-\dfrac{a_{21}}{a_{11}}\right) + a_{22}\right)\left(-\dfrac{a_{12}\left(-\frac{a_{21}}{a_{11}}\right) + a_{32}}{a_{12}\left(-\frac{a_{21}}{a_{11}}\right) + a_{22}}\right) + a_{12}\left(-\dfrac{a_{31}}{a_{11}}\right) + a_{32} \end{pmatrix}$$

$$B = \begin{pmatrix} a_{11} & a_{12} \\ 0 & b_{22} \\ 0 & 0 \end{pmatrix}$$

El procedimiento ilustrado es válido para matrices de orden (m x n), cualesquiera sean m, n números naturales.

Lo anterior permite definir el **rango de una matriz.**

Rango de una matriz A. Es un número natural, igual al máximo de filas no nulas de la matriz escalón B equivalente a A. Se denota **r(A).**

Para los casos anteriores, tenemos:
En el caso I, si los elementos, $b_{22} = b_{23} = 0$, el r(A)=1, en caso contrario r(A)=2.
En el caso II, si el elemento, b_{22}, es diferente de cero el r(A)=2, en caso contrario r(A)=1.
Aunque no es avitual, el estudio del rango de una matriz, puede realizarse por sus columnas. Lo que nos lleva a la siguiente conclusión, **r(A) = r(A^t)**. **(Analice nuevamente los casos I y II).**

Ejemplo 2: Determine r(A), $A = \begin{pmatrix} 0 & -3 & 4 \\ 2 & 1 & -1 \\ 3 & -6 & -2 \end{pmatrix}$;

Reduciendo A, a la matriz escalón B, equivalente.
El elemento $a_{11} = 0$, muestra que la fila f_1 no puede ser definida como pivote. Lo anterior es evidente del escalar $-\frac{a_{i+1j}}{a_{ii}} = -\frac{a_{21}}{a_{11}}$.
Permutemos f_1 con f_3, obtenemos

$$\begin{pmatrix} 3 & -6 & -2 \\ 2 & 1 & -1 \\ 0 & -3 & 4 \end{pmatrix};$$

Con la nueva fila pivote f_1, $-\frac{a_{i+1j}}{a_{ii}} = -\frac{a_{21}}{a_{11}} = -\frac{2}{3}$. Hagamos $\left(-\frac{2}{3}f_1 + f_2\right)$,

$\begin{pmatrix} 3 & -6 & -2 \\ 0 & 5 & \frac{1}{3} \\ 0 & -3 & 4 \end{pmatrix}$; cambiamos la fila pivote a f_2, hagamos $\left(-\frac{3}{5}f_2 + f_3\right)$,

$$B = \begin{pmatrix} 3 & -6 & -2 \\ 0 & 5 & \frac{1}{3} \\ 0 & 0 & -\frac{21}{5} \end{pmatrix}$$

Todas las filas de B son distintas de cero. Entonces r(A) = ·3

Podemos concluir, para toda $A \in$ **M_{mxn} ($\Re$)**, tenemos, 0 < r(A) ≤ m, es cero sólo si, A es la matriz nula.

Los resultados anteriores proporcionan una herramienta para el cálculo del determinante.

Sea $A \in$ **M_{nxn}** ($\Re$). Si el **r(A) = n,** entonces, **det (A) = $b_{11}\, b_{22}\, b_{33} \ldots b_{n-1n-1}\, b_{nn}$**. Producto de los elementos de la diagonal de la matriz escalón B equivalente por fila a A, es evidente, si, **r(A) < n, det (A) = 0**.

Ejemplo 3: A = $\begin{pmatrix} 0 & -3 & 4 \\ 2 & 1 & -1 \\ 3 & -6 & -2 \end{pmatrix}$

$$B = \begin{pmatrix} 3 & -6 & -2 \\ 0 & 5 & \frac{1}{3} \\ 0 & 0 & \frac{-21}{5} \end{pmatrix}$$

r(A) = 3, det (A) = 3 5 (-21/5) = -63

Si calculamos el deteminante por el desarrollo en cofactores, por la fila 1. Tenemos:

det (A) = (-3) (-1) (2 (-2) – (-1) 3) + 4 (1) (2 (-6) – 1 3) = 3 (-4 + 3)+4 (-12-3)= -3+(-60)= -63.

Se llama traza de una matriz cuadrada, se denota tr(A). A la suma de todos los elementos de la diagonal principal.

Ejemplo 4: A = $\begin{pmatrix} 0 & -3 & 4 \\ 2 & 1 & -1 \\ 3 & -6 & -2 \end{pmatrix}$; tr (A) = -1

Ejercicios propuestos.

1-Calcular: k x i; j x k; k x k, i, j, k, definir el sistema canónico de $\Re^3$.

2-Mostrar que se verifica:

$|(y_1z_2 - y_2z_1,\ x_1z_2 - x_2z_1,\ x_1y_2 - x_2y_1)| = |v_1|\,|v_2|$ sen μ; $0 \le \mu \le \pi$.

3- Dados los vectores a = 3·i + j y b = (2 , 3). Calcular el área del paralelogramo formado por los vectores a, b.

4- Sean las matrices:

A= $\begin{pmatrix} 1 & 2 & 3 \\ 4 & 1 & 5 \end{pmatrix}$; $J = \begin{bmatrix} 4 & 3 & -2 \\ 2 & 2 & 0 \\ 0 & -3 & 1 \end{bmatrix}$; $E = \begin{bmatrix} 3 & -1 & 7 & 0 \\ 0 & 2 & 0 & 1 \\ -2 & 0 & -1 & 0 \\ 0 & 0 & 0 & 5 \end{bmatrix}$; P= $\begin{pmatrix} -2 & 0 & 1 \\ 0 & 1 & 0 \\ 1 & 0 & -1 \\ 2 & -1 & 1 \end{pmatrix}$

1-Determinar la matriz equivalente por fila.

2-Calcular el rango, determinante y la traza para las matrices dadas.

Capitulo IV: Espacios Vectoriales (Lineales).

Hemos presentado objetos matemáticos de naturaleza diferente: dominios numéricos, caracterizados por la magnitud, vectores caracterizados por magnitud y dirección, matrices caracterizados por la definición de sus elementos dada por la posición de fila y columna.

Diremos que un conjunto está **estructurado**, si entre sus elementos se ha establecido determinada relación, o definido ciertas operaciones. El conjunto, al que se le ha definido estructura, se llama **ESPACIO**.

Presentaremos como conjuntos de diferente naturaleza pueden ser estudiados como un todo único, al presentar la misma estructura. Cumplen con las mismas operaciones y propiedades, definidas independiente de la naturaleza de sus elementos.

IV.1 Espacios vectoriales. Subespacios vectoriales.

Definición: Sea E un conjunto no vacío sobre el cual se han definido las operaciones:

1. Suma: Para toda $x \in E$, $y \in E$, $x + y \in E$.
2. Producto por un escalar: Para todo $k \in \Re$ y $x \in E$, $k\,x \in E$

Si estas operaciones cumplen las siguientes propiedades independientes.

P_1. Conmutativa de la suma:

Para todo $x, y \in E$, $x + y = y + x$

P_2. Asociativa de la suma:

Para todo $x, y, z \in E$, $(x + y) + z = x + (y + z)$

P_3. Existencia de un elemento neutro para la suma:

Existe $\bar{o} \in E$ tal que $x + \bar{o} = \bar{o} + x = x$ para todo $x \in E$

P_4. Existencia de un elemento opuesto para cada elemento de E:

Para todo $x \in E$, existe $-x \in E$ tal que $x + (-x) = \bar{o}$

P_5. Producto de un vector por el número uno:

Para todo $x \in E$, $1 * x = x$

P_6. Distributiva de la suma de elementos de E por un escalar.

Para todo x, $y \in E$, $k \in \Re$, $k(x + y) = kx + ky$

P_7. Distributiva de la suma de escalares por un elemento de E.

Para todo $k, \lambda \in \Re$, $x \in E$; $(K + \lambda)x = kx + \lambda x$

P_8. Asociativa mixta:

Para todo $k, \lambda \in \Re$, $x \in E$; $k(\lambda x) = (k\lambda)x$

Entonces el conjunto E recibe el nombre de espacio vectorial **(E; . ,+)** y sus elementos **vectores**.

Definición: Sea S un subconjunto no vacío de E, $S \subset E$. S es subespacio vectorial de E, **((S; . ,+)** $\subset$ **(E; . ,+))**, si **S** cumple con la definición de espacio vectorial.
Es decir, S es un espacio vectorial **(S; . ,+)**.

Teorema: Si para todo x e y elementos de **S** y λ_1 y λ_2 números reales, se cumple, $\lambda_1 x + \lambda_2 y \in$ **S**, entonces **(S; . ,+)** $\subset$ **(E; . ,+)**.

La propiedad P_3 aporta una condición suficiente que muestra cuando un conjunto **no define un espacio vectorial.** Un conjunto que **no contiene elemento nulo**, a pesar de tener definido las operaciones, suma de sus elementos y producto por un escalar de sus elementos, no define un espacio vectorial. De forma análoga nos aporta una condición suficiente la propiedad P_4.

Ejercicios propuestos:

1. Parece evidente que el conjunto **R** cumple las condiciones de espacio vectorial. Demuéstrelo.
2. Verifique, que si:

   a) **N ⊂ R, se cumple, (N; . ,+) ⊂ (E; . ,+), (Z; . ,+) ⊂ (E; . ,+).**

   b) **Z ⊂ R, se cumple, (Z; . ,+) ⊂ (E; . ,+).**

3. Construya ejemplos de otros conjuntos numéricos, sobre los que están definida las operaciones citadas que no constituyan espacios vectoriales.

IV.2 Espacio vectorial ($\Re^2$; . ,+).

Mostremos que las propiedades P_1, P_2, P_3, P_4, P_5, P_6, P_7, P_8, se satisfacen para $\Re^2$.

P_1. Conmutatividad de la suma:

Para todo $(x_1, y_1), (x_2, y_2) \in \Re^2$; $(x_1, y_1) + (x_2, y_2) = (x_2, y_2)+ (x_1, y_1)$

$(x_1+ x_2, y_1+ y_2) = (x_2+ x_1, y_2+ y_1)$

$x_1 + x_2 = x_2+ x_1$; $x_1 - x_1 = x_2 - x_2$; $0=0$;

$y_1 + y_2 = y_2+ y_1$; $y_1 - y_1 = y_2 - y_2$; $0=0$;

donde $(x_1+ x_2, y_1+ y_2) \in \Re^2$

P_2. Asociatividad de la suma:

Para todo $(x_1, y_1), (x_2, y_2), (x_3, y_3) \in \Re^2$,

$((x_1, y_1) + (x_2, y_2)) + (x_3, y_3) = (x_1, y_1) + ((x_2, y_2) + (x_3, y_3))$; empleando P_1,

$(x_1+ x_2, y_1+ y_2) + (x_3, y_3) = (x_1, y_1) + (x_2+ x_3, y_2+ y_3)$,

$(x_1+x_2+ x_3, y_1+ y_2+ y_3) = (x_1+x_2+ x_3, y_1+ y_2+ y_3)$;

$x_1+x_2+ x_3 = x_1+x_2+ x_3$; $y_1+ y_2+ y_3 = y_1+ y_2+ y_3$

$0=0$; $0=0$;

donde $(x_1+x_2+ x_3, y_1+ y_2+ y_3) \in \Re^2$

P_3. Existencia de un neutro para la suma en $\Re^2$:

Existe $(0, 0) \in \Re^2$ tal que $(x_1, y_1) + (0, 0) = (0, 0) + (x_1, y_1)$; empleando P_1,

$(0+ x_1, 0+ y_1) = (x_1, y_1)$, para todo $(x_1, y_1) \in \Re^2$.

P_4. Existencia de un elemento opuesto para cada elemento de $\Re^2$, definido por la operación suma:

Para todo $(x_1, y_1) \in \Re^2$, existe $(-x_1, -y_1) \in \Re^2$, tal que,

$(x_1, y_1) + (-x_1, -y_1) = (x_1 - x_1, y_1 - y_1) = (0, 0) \in \Re^2$

P_5. Producto de un vector por el número uno:

Para todo $(x_1, y_1) \in \Re^2$, de la propiedad del producto por un escalar haciendo, $\lambda = 1$, $1(x_1, y_1) = (x_1, y_1) \in \Re^2$.

P_6. Distributiva del producto por un escalar respecto a la suma de vectores.

Para todo $(x_1, y_1), (x_2, y_2) \in \Re^2$, $k \in \mathbf{R}$, $k((x_1, y_1) + (x_2, y_2)) = k(x_1, y_1) + k(x_2, y_2)$, empleando la propiedad del producto de un vector por un escalar, y la suma de vectores, obtenemos, $(k(x_1 + x_2), k(y_1 + y_2)) \in \Re^2$.

P_7. Distributiva del producto por un vector respecto a la suma de escalares.

Para todo $k, \lambda \in R$, $(x_1, y_1) \in \Re^2$; $(K + \lambda)(x_1, y_1) = k(x_1, y_1) + \lambda(x_1, y_1) =$, empleando la propiedad del producto de un vector por un escalar, y la suma de vectores, obtenemos,

$= ((K + \lambda)x_1, (K + \lambda)y_1) \in \Re^2$.

P_8. Asociativa mixta:

Para todo $k, \lambda \in R$, $(x_1, y_1) \in \Re^2$; $k(\lambda(x_1, y_1)) = k(\lambda x_1, \lambda y_1) =$

$= (k\lambda x_1, k\lambda y_1) = (k\lambda)(x_1, y_1)$.

Consideremos el subconjunto $M = \{(x_1, x_2) \in \Re^2 | (x_1 + x_2, 2x_2); x_1, x_2 \in \Re\}$, mostremos que

(M; . ,+) $\subset$ **($\Re^2$; . ,+).**

$\forall (x_1, x_2), (y_1, y_2)$. Tenemos, $(x_1 + x_2, 2x_2), (y_1 + y_2, 2y_2) \in$ M. Prcbemos que $\forall \lambda_1, \lambda_2$ números reales, se cumpla que $\lambda_1(x_1 + x_2, 2x_2) + \lambda_2(y_1 + y_2, 2y_2) \in$ M.

$\lambda_1(x_1 + x_2, 2x_2) + \lambda_2(y_1 + y_2, 2y_2) = (\lambda_1(x_1 + x_2), 2\lambda_1 x_2) + (\lambda_2(y_1 + y_2), 2\lambda_2 y_2) =$

$= (\lambda_1(x_1 + x_2) + (\lambda_2(y_1 + y_2), 2\lambda_1 x_2 + 2\lambda_2 y_2) = (\lambda_1(x_1 + x_2) + (\lambda_2(y_1 + y_2), 2(\lambda_1 x_2 + \lambda_2 y_2)) \in M$

Entonces **(M; . ,+)** $\subset$ **($\Re^2$; . ,+).**

Proponemos al lector verificar que las ocho propiedades se satisfacen.

Estudiemos el subconjunto $M_1 = \{(x_1, x_2) \in \Re^2 | (x_1 - x_2, 2); x_1, x_2 \in \Re\}$. Probemos que,

(M_1; . ,+) $\subset$ **(** $\Re^2$ **; . ,+).**

No es difícil percatarse que M_1 no contiene al elemento neutro de la suma de $\Re^2$, puesto que el segundo componente de todos los elementos del conjunto **M_1** es la constante igual dos. En otras palabras, $(0,0) \notin M_1$ entonces **(M_1; . ,+)** $\not\subset$ **(** $\Re^2$ **; . ,+).**

Proponemos al lector verificar que la propiedad P_4, no se satisface para **M_1.**

Ejercicios propuestos:

1. Muestre que los subconjuntos:

   a) $M_2 = \{(x_1, x_2) \in \Re^2 | (x_1 + x_2, x_1 - x_2); x_1, x_2 \in \Re\}$.

   b) $M_3 = \{(x_1, x_2) \in \Re^2 | (x_1 x_2, x_1 - x_2); x_1, x_2 \in \Re\}$

   Definen subespecies vectoriales de .

2. Construya ejemplos de otros subconjuntos $\Re^2$, sobre os que están definida las operaciones citadas que no constituyan espacios vectoriales.

3. Generalice a $\Re^3$ y $\Re^n$ las conclusiones obtenidas en $\Re^2$, que muestre que son espacios vectoriales.

4. Construya ejemplos de subconjuntos que no definen subespacio vectorial de $\Re^3$ y $\Re^n$. Justifíquelo.

IV.3 Espacio vectorial ($\mathbf{M}_{mxn}$ ($\Re$); . ,+).

Los resultados presentados en el epígrafe I.5.2, puntos 2 y 3. Producto de matrices por escalar y suma de matrices. Garantizan que las propiedades de P_1 a P_8, son satisfechas, para el conjunto, $\mathbf{M}_{mxn}$ ($\Re$). Concluimos ($\mathbf{M}_{mxn}$ ($\Re$); . ,+), define un espacio vectorial.

Probemos que, para $\mathbf{M}_{nxn}$ ($\Re$)$\subset$ $\mathbf{M}_{mxn}$ ($\Re$), es subespacio vectorial del espacio vectorial, ($\mathbf{M}_{mxn}$ ($\Re$); . ,+).

Sean A = (a_{ij}), B = (b_{ij}), tal que, A, B $\in$ $\mathbf{M}_{nxn}$ ($\Re$), $\lambda_1, \lambda_2 \in \Re$. Aplicando las operaciones: producto de escalar por matriz y suma de matrices:

$\lambda_1 A + \lambda_2 B = \lambda_1 (a_{ij}) + \lambda_2 (b_{ij}) = (\lambda_1 a_{ij}) + (\lambda_2 b_{ij}) = (\lambda_1 a_{ij} + \lambda_2 b_{ij}) = (c_{ij}) = C \in$ $\mathbf{M}_{nxn}$ ($\Re$).

Queda mostrado que, ($\mathbf{M}_{nxn}$ ($\Re$); . ,+) $\subset$ ($\mathbf{M}_{mxn}$ ($\Re$); . ,+).

Ejemplo:

¿El conjunto, $M' = \{M_{2x2}(R) : a_{11} = a_{22} = 2;\ a_{12}, a_{21} \in R\}$, es espacio vectorial?

Es evidente que las operaciones: producto de un escalar por una matriz y la suma de matrices, se satisfacen para todo elementos de M'. Pero el nuevo elemento resultado de estas operaciones no pertenece al conjunto M'.

Mostremos la suma de matrices.

Sean A, B $\in M'$, A=$\begin{bmatrix} 2 & a_{12} \\ a_{21} & 2 \end{bmatrix}$; $B = \begin{bmatrix} 2 & b_{12} \\ b_{21} & 2 \end{bmatrix}$

A+B=$\begin{bmatrix} 2 & a_{12} \\ a_{21} & 2 \end{bmatrix} + \begin{bmatrix} 2 & b_{12} \\ b_{21} & 2 \end{bmatrix} = \begin{bmatrix} 2+2 & a_{12}+b_{12} \\ a_{21}b_{21} & 2+2 \end{bmatrix} = \begin{bmatrix} 4 & a_{12}+b_{12} \\ a_{21}+b_{21} & 4 \end{bmatrix} \notin M'$

M', no es espacio vectorial.

Proponemos al lector mostrar el producto por escalar.

Las propiedades P_3, P_4, no se satisfcen. **Proponemos al lector justificar esta afirmación.**

IV.4 Combinación lineal. Sistema linealmente dependiente (SLD) y sistema linealmente independiente (LI).

Sea x elemento de un espacio vectorial E, $x \in$ **(E; . ,+)** y **S={a_1, a_2, ... , a_k}**, un sistema ordenado de vectores de E, $a_i \in$ **(E; . ,+)**, para todo **i =1,2,3, ... , k**.

Decimo que x es combinación lineal de S, si existen números reales $\lambda_1, \lambda_2, \ldots, \lambda_{k-1}, \lambda_k$, tales que, $\mathbf{x = \lambda_1 a_1 + \lambda_2 a_2 + \ldots + \lambda_k a_k}$.

Para los elementos de $\mathbf{M_{mxn}(R; . ,+)}$. Las operaciones elementales por las filas de una matriz es un ejemplo de combinación lineal.

El calculo del rango de una matriz, es resultado del estudio de combinación lineal entre sus filas.

Ejemplo 1: Sea $x \in$ **(R; . ,+)**, existe $\lambda \in$ **R**, tal que, **x =** λ v; $v \in$ **(R; . ,+)**,

a) Representar x = 2, como combinación lineal de, S = {1}:

2 = (2) 1

Definimos un eje de coordenadas, con escala igual 1, representamos el numero 2.

Desplazamos el valor de la escala, 2 unidades a la derecha apartir del centro de simetria.

-1 o 1 2 x

b) Representar x = 2,como combinación lineal de, S = {1/2}:

2 = (4) (1/2) ;

Definimos un eje de coordenadas, con escala igual 1/2, representamos el numero 2.

Desplazamos el valor de la escala, 4 unidades a la derecha apartir del centro de simetria.

-1 o 1/2 1 3/2 2 x

Ejemplo 2: Sea x $\in(\Re^2; . ,+)$, existen $\lambda_1, \lambda_2 \in \mathbf{R}$, tal que, $\mathbf{x} = \lambda_1 v_1 + \lambda_2 v_2$; $v_1, v_2 \in (\Re^2; . ,+)$.

a) Representar x = (3,2), como combinación lineal de, S = {(1, 0); (0, 1)}:

$(3, 2)=\lambda_1(1, 0) + \lambda_2(0, 1) = 3 (1, 0) + 2(0, 1) = (3,0) + (0, 2) =(3 ,2)$.

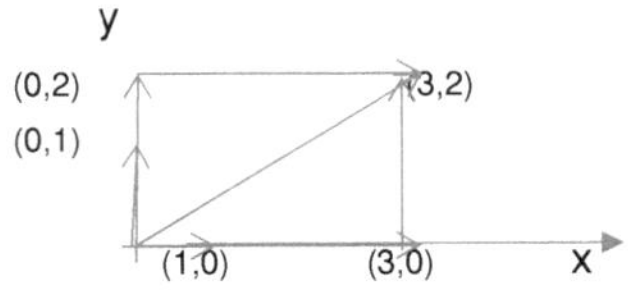

b) Representar x = (3,2), como combinación lineal de S = {(1, 1); (0, -1)}:

$(3, 2) = \lambda_1(1, 1) + \lambda_2(0, -1) = 3 (1, 1) + 1 (0, -1) = (3,3) + (0, -1) =(3 ,2)$.

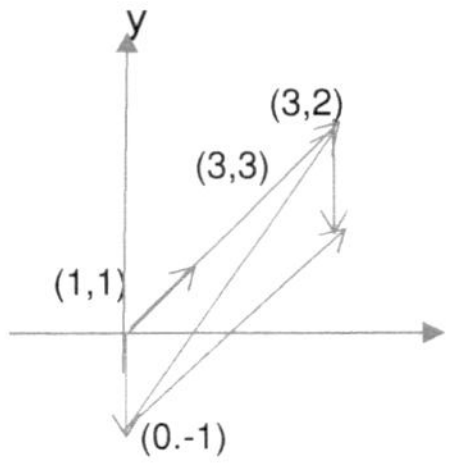

Ejemplo 3: Sea A $\in(\mathbf{M_{2x2}(R)}; . ,+)$, existen $\lambda_1, \lambda_2, \lambda_3, \lambda_4 \in \mathbf{R}$, tal que,

$A = \lambda_1 A_1 + \lambda_2 A_2 + \lambda_3 A_3 + \lambda_4 A_4$; $A_1, A_2, A_3, A_4 \in (\mathbf{M_{2x2}(R)}; . ,+)$.

a) Representar A = $\begin{bmatrix} -1 & 2 \\ 3 & 0 \end{bmatrix}$ como combinación lineal de,

$$S = \left\{ \begin{bmatrix} 1 & 0 \\ 0 & 0 \end{bmatrix}; \begin{bmatrix} 0 & 1 \\ 0 & 0 \end{bmatrix}; \begin{bmatrix} 0 & 0 \\ 1 & 0 \end{bmatrix}; \begin{bmatrix} 0 & 0 \\ 0 & 1 \end{bmatrix} \right\};$$

$$\begin{bmatrix} -1 & 2 \\ 3 & 0 \end{bmatrix} = \lambda_1 \begin{bmatrix} 1 & 0 \\ 0 & 0 \end{bmatrix} + \lambda_2 \begin{bmatrix} 0 & 1 \\ 0 & 0 \end{bmatrix} + \lambda_3 \begin{bmatrix} 0 & 0 \\ 0 & 1 \end{bmatrix} + \lambda_4 \begin{bmatrix} 0 & 0 \\ 0 & 1 \end{bmatrix}$$

$$\begin{bmatrix}-1 & 2\\ 3 & 0\end{bmatrix} = (-1)\begin{bmatrix}1 & 0\\ 0 & 0\end{bmatrix} + 2\begin{bmatrix}0 & 1\\ 0 & 0\end{bmatrix} + 3\begin{bmatrix}0 & 0\\ 0 & 1\end{bmatrix} + 0\begin{bmatrix}0 & 0\\ 0 & 1\end{bmatrix}$$

b) Representar A = $\begin{bmatrix}-1 & 2\\ 3 & 0\end{bmatrix}$ como combinación lineal de,

$$S = \left\{\begin{bmatrix}1 & 0\\ 0 & -1\end{bmatrix}; \begin{bmatrix}0 & 1\\ 1 & 1\end{bmatrix}; \begin{bmatrix}-1 & 0\\ 0 & -1\end{bmatrix}; \begin{bmatrix}2 & -1\\ 0 & 0\end{bmatrix}\right\};$$

$$\begin{bmatrix}-1 & 2\\ 3 & 0\end{bmatrix} = \lambda_1\begin{bmatrix}1 & 0\\ 0 & -1\end{bmatrix} + \lambda_2\begin{bmatrix}0 & 1\\ 1 & 1\end{bmatrix} + \lambda_3\begin{bmatrix}-1 & 0\\ 0 & -1\end{bmatrix} + \lambda_4\begin{bmatrix}2 & -1\\ 0 & 0\end{bmatrix}$$

$$\begin{bmatrix}-1 & 2\\ 3 & 0\end{bmatrix} = 0\begin{bmatrix}1 & 0\\ 0 & -1\end{bmatrix} + 3\begin{bmatrix}0 & 1\\ 1 & 1\end{bmatrix} + 3\begin{bmatrix}-1 & 0\\ 0 & -1\end{bmatrix} + 1\begin{bmatrix}2 & -1\\ 0 & 0\end{bmatrix}$$

Como muetran los ejemplos se pueden expresar elementos del espacio vectorial mediante un sistema de elementos del propio espacio. Donde la representación del elemento no es única, depende del sistema S seleccionado.

Observemos que la combinación lineal, en si misma es una generalización de las operaciones: producto de un escalar por un elemento del espacio vectorial y la operación suma de elementos del espacio vectorial.

El problema que se presenta.

Caracterizar S, tal que, todo v∈**(E; . ,+)**, sea representado de forma única por S.

Sea **(E; *,+)** y S={a_1, a_2, … , a_k}, un sistema de vectores de E, a_i∈**(E; . ,+)**, para todo i =1,2,3, …, k, λ_1, λ_2, …, λ_{k-1} ,λ_k , números reales.

Si $\lambda_1 a_1 + \lambda_2 a_2 + \ldots + \lambda_k a_k = 0$, para, $\lambda_1 = \lambda_2 =, \ldots ,= \lambda_{k-1} = \lambda_k = 0$, entonces S es un sistema de vectores Linealmente Independiente (LI). En caso contrario (al menos un $\lambda_i \neq 0$, i =1,2,3, … k ,), **S es un sistema de vectores Linealmente Dependiente (LD).**

¿Cómo clasificar S, como sistema LI o LD?

El cálculo del determinante y el cálculo del rango de una matriz, permiten reponder la interrogante.

Dada S. Colocando los vectores de S como columnas, construimos una matriz L.

Se puede emplear los siguientes criterios:

1.- Calcular det (L), L$\in$ **M_{nxn}(** $\Re$ **)**.

Si **det (L) ≠ 0, entonces S es LI, en caso contrario es LD.**

El procedimiento permite las aseveraciones:

a) Todo S que contenga al vector nulo es LD.
b) Todo S formado por un solo vector distinto del nulo es LI.

Proponemos a los lectores justificar las anteriores afirmaciones.

2.- Calcular r(L). L$\in$ **M_{mxn}(** $\Re$ **)**.

Si **r(L) es igual al número de vectores de S, entonces S es LI, en caso contrario es LD.**

El procedimiento permite las aseveraciones:

a) El número de vectores de S LI, es igual al valor del r(L)

Lo anterior permite expresar el rango de una matriz en relación a su número de filas LI.

Rango de una matriz, es igual al número máximo de filas LI (número de filas distintas de cero).

Ejemplo 4: Sea el sistema de vectores, S={ (1; -1; 1), (2; 3; -3), (1; 4; -4) }. Escribimos la matriz L.

$$L = \begin{pmatrix} 1 & 2 & 1 \\ -1 & 3 & 4 \\ 1 & -3 & -4 \end{pmatrix},$$

1.-

$$\begin{vmatrix} 1 & 2 & 1 \\ -1 & 3 & 4 \\ 1 & -3 & -4 \end{vmatrix} = \begin{vmatrix} 1 & 2 & 1 \\ 0 & 5 & 5 \\ 0 & 5 & 5 \end{vmatrix} = 0,$$ por tener dos filas iguales, S es LD.

2.-

$$\begin{pmatrix} 1 & 2 & 1 \\ 0 & 5 & 5 \\ 0 & 0 & 0 \end{pmatrix},$$ $r(L) \neq 3$, S es LD. El número máximo de filas LI, es 2. S contiene un subsistema LI.

Ejemplo 5: Analizar la independencia o dependencia lineal del sistema de vectores:

S={ (1; -1; 0; 1), (2; 0; 1; -1), (2; 1; 0; 1)}.

$$L = \begin{bmatrix} 1 & 2 & 2 \\ -1 & 0 & 1 \\ 0 & 1 & 0 \\ 1 & -1 & 1 \end{bmatrix} \sim \begin{bmatrix} 1 & 2 & 2 \\ 0 & 2 & 2 \\ 0 & 1 & 0 \\ 0 & -3 & -1 \end{bmatrix} \sim \begin{bmatrix} 1 & 2 & 2 \\ 0 & 2 & 2 \\ 0 & 0 & 2 \\ 0 & 0 & 4 \end{bmatrix} \sim \begin{bmatrix} 1 & 2 & 2 \\ 0 & 2 & 2 \\ 0 & 0 & 2 \\ 0 & 0 & 0 \end{bmatrix}$$

El número de filas LI, es 3. r(L) = 3. S consta de 3 vectores, es LI.

Ejemplo 6:

Sea $S = \{A_1, A_2, A_3, A_4\}$, $S = \left\{ \begin{bmatrix} 1 & 0 \\ 0 & 0 \end{bmatrix}; \begin{bmatrix} 0 & 1 \\ 0 & 0 \end{bmatrix}; \begin{bmatrix} 0 & 0 \\ 1 & 0 \end{bmatrix}; \begin{bmatrix} 0 & 0 \\ 0 & 1 \end{bmatrix} \right\}$, $A_i \in$ **($M_{2x2}(\Re)$; . ,+)**

Probar que S es LI.

Para $\lambda_1, \lambda_2, \lambda_3, \lambda_4 \in \Re$, $0 = \lambda_1 A_1 + \lambda_2 A_2 + \lambda_3 A_3 + \lambda_4 A_4$;

$$\begin{bmatrix} 0 & 0 \\ 0 & 0 \end{bmatrix} = \lambda_1 \begin{bmatrix} 1 & 0 \\ 0 & 0 \end{bmatrix} + \lambda_2 \begin{bmatrix} 0 & 1 \\ 0 & 0 \end{bmatrix} + \lambda_3 \begin{bmatrix} 0 & 0 \\ 0 & 1 \end{bmatrix} + \lambda_4 \begin{bmatrix} 0 & 0 \\ 0 & 1 \end{bmatrix}$$

Aplicando, producto de matriz por un escalar y suma de matrices, tenemos,

$$\begin{bmatrix} 0 & 0 \\ 0 & 0 \end{bmatrix} = \begin{bmatrix} \lambda_1 & \lambda_2 \\ \lambda_3 & \lambda_4 \end{bmatrix}$$

Las matrices son iguales, si y solo si, $0 = \lambda_1$, $0 = \lambda_2$, $0 = \lambda_3$, $0 = \lambda_4$. Todos los coeficientes de la combinación lineal, son todos ceros, S es LI.

Ejemplo 7: Analizar la independencia o dependencia lineal del sistema de vectores:
S={ (1; -1), (2; 0), (-2; 1), (0; 1)}.

L =$\begin{pmatrix} 1 & 2 & -2 & 0 \\ -1 & 0 & 1 & 1 \end{pmatrix}$, $f_1 + f_2$, el resultado se coloca en la columna f_2, obtenemos,

L =$\begin{pmatrix} 1 & 2 & -2 & 0 \\ 0 & 2 & -1 & 1 \end{pmatrix}$

El r(L) = 2. S consta de 4 vectores. S es LD, contiene un subsistema de vectores LI, dado que el r(L) =2.

Proponemos al lector que justifique las afirmaciones:

El sistema S formado por los vectores canónicos de todo espacio vectorial es LI.

Todo sistema S formado por k vectores, no todos nulos, LD, contiene un subsistema de vectores LI.

IV.5 Base y dimensión de un espacio vectorial.

Sea S={a_1, a_2 , … , a_k}, un sistema de vectores del espacio vectorial E, $a_i \in$ **(E; . ,+)**, para todo

i =1,2,3, … , k.

Decimo que S es un sistema **generador** de **(E; . ,+)**, si y sólo si, todo $x \in$ **(E; . ,+)**, se expresa como combinación lineal de los vectores de S, $\mathbf{x = \lambda_1 a_1 + \lambda_2 a_2 + \ldots + \lambda_k a_k}$, $\lambda_i \in \Re$ **. S genera a (E; . ,+).**

Ejemplo 8:

Sea S = { i , j }; i, j$\in$ **($\Re^2$; *,+).** Probar que S es generador de **($\Re^2$; *,+).**

Para todo v =(x, y) $\in$ **($\Re^2$; . ,+),** λ_1, $\lambda_2 \in$ **R,** v = λ_1 i + λ_2 j;

(x, y)= $\lambda_1(1, 0) + \lambda_2(0, 1) = (\lambda_1,0) + (0, \lambda_2) = (\lambda_1, \lambda_2)$.

De la igualdad de vectores tenemos,

(x, y) = (λ_1, λ_2), si y solo si, $x = \lambda_1$, $y = \lambda_2$.

Dado que $\lambda_1, \lambda_2 \in \Re$, todo punto del plano, es expresado como combinación lineal del sistema canónico.

Ejemplo 9:

Sea $S = \{A_1, A_2, A_3, A_4\}$, $S = \left\{ \begin{bmatrix} 1 & 0 \\ 0 & 0 \end{bmatrix}; \begin{bmatrix} 0 & 1 \\ 0 & 0 \end{bmatrix}; \begin{bmatrix} 0 & 0 \\ 1 & 0 \end{bmatrix}; \begin{bmatrix} 0 & 0 \\ 0 & 1 \end{bmatrix} \right\}$, $A_i \in$ **($M_{2x2}(\Re)$; . ,+)**

Probar que S es generador de **($M_{2x2}(\Re)$).**

Para todo $A \in$ **($M_{2x2}(\Re)$; . ,+)**, $\lambda_1, \lambda_2, \lambda_3, \lambda_4 \in \Re$, $A = \lambda_1 A_1 + \lambda_2 A_2 + \lambda_3 A_3 + \lambda_4 A_4$;

$$\begin{bmatrix} x & y \\ z & w \end{bmatrix} = \lambda_1 \begin{bmatrix} 1 & 0 \\ 0 & 0 \end{bmatrix} + \lambda_2 \begin{bmatrix} 0 & 1 \\ 0 & 0 \end{bmatrix} + \lambda_3 \begin{bmatrix} 0 & 0 \\ 0 & 1 \end{bmatrix} + \lambda_4 \begin{bmatrix} 0 & 0 \\ 0 & 1 \end{bmatrix}$$

Aplicando, producto de matriz por un escalar y suma de matrices, tenemos,

$$\begin{bmatrix} x & y \\ z & w \end{bmatrix} = \begin{bmatrix} \lambda_1 & \lambda_2 \\ \lambda_3 & \lambda_4 \end{bmatrix}$$

Las matrices son iguales, si y solo si, $x = \lambda_1$, $y = \lambda_2$, $z = \lambda_3$, $w = \lambda_4$.

Dado que $\lambda_1, \lambda_2, \lambda_3, \lambda_4 \in \Re$, toda matriz de orden 2, es expresada por S.

Ejemplo10:

Sea S = { (1, 1); (2, 2) }; (1, 1), (2, 2) $\in$ **($\Re^2$; . ,+)**. Probar que S es generador de **($\Re^2$; . ,+).**

Para todo (x, y) $\in$ **($\Re^2$; . ,+)**, $\lambda_1, \lambda_2 \in \Re$;

(x, y)= $\lambda_1(1, 1) + \lambda_2(2, 2) = (\lambda_1, \lambda_1) + (2\lambda_2, 2\lambda_2)) = (\lambda_1 + 2\lambda_2, \lambda_1 + 2\lambda_2)$.

De la igualdad de vectores, tenemos,

$x = \lambda_1 + 2\lambda_2$; $y = \lambda_1 + 2\lambda_2$, entonces, x = y.

El sistema S, sólo genera el conjunto de vectores que se encuentran sobre la recta x = y,

$S_{R2} = \{ (x,y) \in \Re^2 : x = y \}$, subconjunto de $\Re^2$. Es simple probar que S_{R2} es espacio vectorial. Entonces **(S_{R2} ; . ,+)** es subespacio de **($\Re^2$; . ,+).**

Ejemplo 11.

Sea S={ (1; -1), (2; 0), (-2; 1), (0; 1)}. Probar que S es generador de **($\Re^2$; . ,+).**

Para todo (x, y) $\in$**(**$\Re^2$**;** $\lambda_1, \lambda_2, \lambda_3, \lambda_4 \in \Re$;

(x; y) = λ_1(1; 1) + λ_2(2; 2) + λ_3(-2; 1) + λ_4(0; 1)= (($\lambda_1 + 2\lambda_2 -2\lambda_3$) ; ($\lambda_1 + 2\lambda_2 + \lambda_3 + \lambda_4$)) =

De la igualdad de vectores, tenemos,

(x; y) = (($\lambda_1 + 2\lambda_2 -2\lambda_3$) , ($\lambda_1 + 2\lambda_2 + \lambda_3 + \lambda_4$))

$x = \lambda_1 + 2\lambda_2 -2\lambda_3$

$y = \lambda_1 + 2\lambda_2 + \lambda_3 + \lambda_4$

Dado que $\lambda_1, \lambda_2, \lambda_3, \lambda_4 \in \Re$ **,** todo punto, del plano, es expresado como combinación lineal del sistema S.
Puede mostrarse que el r(L) = 2. S consta de 4 vectores. S es LD, contiene un subsistema de vectores LI, dado que el r(L) =2.

Los ejemplos permiten concluir:

- No todo S de un espacio vectorial, genera al **(E; . ,+)**.
- Los sistemas generadores pueden ser LI o LD.

Una base de un espacio vectorial E es un sistema de vectores **generador, linealmente independiente** de **(E; . ,+).**
Proponemos al lector que para los ejemplos 1-11. Determinar si los sistemas S definen una base del espacio vectorial.
La dimensión de un espacio vectorial es la cantidad de vectores, que tengan sus bases.
La dimensión de **($\Re^n$; . ,+)** es n.

Un sistema de vectores con menos de n vectores de $\Re^n$ no puede generar al **($\Re^n$; . ,+)**. Por lo que no define una base.

Para que un sistema de vectores genere de forma única los elementos del espacio vectorial, tiene que ser base.

Todo sistema de n vectores (L.I) de $\Re^n$ es una base de **($\Re^n$; . ,+)**.

Todo sistema de k < n, vectores (L.I) de $\Re^n$ es una base de un subespacio vectorial de **($\Re^n$; . ,+)**. La dimensión del subespacio vectorial es k.

Observemos el ejemplo 9. S esta compuesto por 4 vectores, que corresponde a la dimensión del espacio de las matrices de 2x2, el producto del número de filas y columnas. S del ejemplo 9 representa el sistema de vectores análogos a los vectores canónicos en $\Re^n$.

Proponemos al lector, de los ejemplos 1-11. Determinar la dimensión del espacio o subespàcio vectorial, generado por S.

Ejemplo 12:

a) El sistema $\overline{u}_1$ = (1;0;0), $\overline{u}_2$ = (1;1;0), $\overline{u}_3$ = (1;1;1) es una base de **($\Re^3$; . ,+)**, pues es generador y (L.I).

$$L = \begin{bmatrix} 1 & 1 & 1 \\ 0 & 1 & 1 \\ 0 & 0 & 1 \end{bmatrix}$$; r(L) = 3 ; det (L) = 1

b) El sistema de vectores $\overline{u}_1$ = (1;0;0), $\overline{u}_2$ = (1;0;0), $\overline{u}_3$ = (1;1;2), L.D no es una base de **($\Re^3$; . ,+)**,

$$L = \begin{bmatrix} 1 & 1 & 1 \\ 0 & 0 & 1 \\ 0 & 0 & 2 \end{bmatrix}$$; r(L) = 2; det (L) = 0

Observemos que S contiene un subsistema LI, formado por $\overline{u}_2$ = (1;0;0), $\overline{u}_3$ = (1;1;2), entonces,

$$(x_1, x_2, x_3) = \lambda_1(1,0,0) + \lambda_2(1,1,2) = (\lambda_1 + \lambda_2,\ \lambda_2,\ 2\lambda_2)$$

$$\begin{aligned} \lambda_1 + \lambda_2 &= x_1 \\ \lambda_2 &= x_2 \\ 2\lambda_2 &= x_3 \end{aligned} \quad ; \quad \begin{aligned} \lambda_1 &= x_1 - x_2 \\ \frac{x_3}{2} - x_2 &= 0 \\ \lambda_2 &= \frac{x_3}{2} \end{aligned}$$

S_{R3} = { (x_1, x_2, x_3) $\in \Re^3$: $\frac{x_3}{2} - x_2 = 0$}, subconjunto de $\Re^3$. Es simple probar que S_{R3} es espacio vectorial. Entonces (S_{R3}; . ,+) es subespacio de dimensión 2 de ($\Re^3$; . ,+).

IV.6 Espacio Euclídeo. Espacio métrico. Espacio normado.

- Espacio Euclideo

Sea **(E; . ,+) con producto escalar, (E; . ,+; <>). Entonces (E; . ,+; <>), define un espacio Euclideo.**

Un sistema de vectores, A={a_1, a_2, … , a_k} de un espacio **(E; . ,+; <>), define un sistema ortonormal de vectores,** si se cumple:

1- **Para todo par, < a_i , a_j > = 0. a_i, a_j son vectores ortogonales, para i ≠ j.**

2- **Para todo $a_i \in$ A, I a_i I = 1. Los a_i, vectores unitarios.**

Ejemplo 1: Para A = {(1 , -4 ,-2) ; (0 , -3 , 6) ; (10 , 2 , 1)}. Comprobar si, se satisfice 1 y 2.

1.-

< (1 , -4 ,-2) , (0 , -3 , 6) > =1.0 + (-4).(-3) + (-2).6 =0

$<(1, -4, -2), (10, 2, 1)> = 1.10 + (-4).2 + (-2).1 = 0$

$<(0, -3, 6), (10, 2, 1)> = 0.10 + (-3).2 + 6.1 = 0$

2.-

$|(1, -4, -2)| = \sqrt{1^2 + (-4)^2 + (-2)^2} = \sqrt{21} \neq 1.$

Uno muestra que los vectores son ortogonales. Como dos no se satisface. A no es un sistema ortonormal de vectores.

Todo sistema de vectores ortogonal, formado por vectores cuya longitud sea igual a 1 (vectores unitarios), define un sistema ortonormal.

Ejemplo 2: Los sistemas canónicos, de **($\Re^n$; . ,+; <>),** son ortonormal.

Proponemos al lector verificar la aseveración para: ($\Re^4$; . ,+; <>), ($\Re^5$; . ,+; <>)

Sea **(E; . ,+), en el que sea definido una métrica (distancia entre sus elementos),**

d: E x E $\longrightarrow$ R⁺, (E; . ,+; d).

Ejemplo 3: Consideremos el conjunto M, cuyos elementos representan, **s** centros de procesamiento de carne en la ciudad de QUITO.

- Espacio Metrico

Definamos la métrica **d: E x E $\longrightarrow$ R^+,** expresada por la distancia, **$d(x_1, x_j) = | x_1 - x_j |$**, j=2,3,…,s, a la que se encuentran separados los centros de procesamiento al centro de almacenamiento(bodega) x_1.

La métrica definida satisface las propiedades:

1.- $d(x_1, x_j) > 0$.

2.- $d(x_1, x_j) = d(x_j, x_1)$.

3.- $d(x_1, x_k) = d(x_1, x_j) + d(x_j, x_k)$, para todo $j \neq k$.

Entonces, X con la estructura definida, representa un **Espacio Métrico, (M; d).**

Lo anterior nos va permitir integrar conjuntos de elementos diferentes en un todo único y realizar su estudio.

. Espacio normado.

Norma de un vector

Una norma en un espacio vectorial real E, es una aplicación de E en R⁺, **II II: E ⟶ R⁺**, que cumple las siguientes propiedades:

1. $\|X\| > 0;\quad \|X\| = 0 \Leftrightarrow X = 0 \qquad (X \in E)$
2. $\|\alpha X\| = \|\alpha\| * \|X\|$; cualesquiera sean X de E y alfa un número real.
3. $\|X + Y\| < \|X\| + \|Y\|$; cualesquiera sean X, Y de E.

A partir de la definición de producto escalar en $\Re^n$, es posible definir una norma en $\Re^n$ de la siguiente manera:

$$\|X\| = \sqrt{X * X} = \sqrt{x_1^{\,2} + x_2^{\,2} + ... + x_n^{\,2}} \qquad (1)$$

Ejemplo: La norma del vector X = (3; 0; 4) es $\|X\| = \sqrt{3^2 + 0^2 + 4^2} = \sqrt{25} = 5$

Es importante aclarar que se pueden definir otras normas en un espacio vectorial, es decir que no es única.

Se dice que un vector está normalizado si su norma es 1.

Ejemplo: El vector (1; 0; 0; 0) de $\Re^4$ está normalizado pues su norma es uno.

El vector $(\frac{2}{3};\frac{2}{3};\frac{1}{3})$ de $\Re^3$ está normalizado pues su norma es uno

Un ejemplo de norma de un vector es el caso de módulo de un vector de $\Re^2$, el conocido módulo de un vector.

Módulo de un vector

El módulo de un vector está dado por la longitud del segmento que lo representa. Si referimos el vector a un sistema de coordenadas cartesiano resulta $|\vec{v}| = \sqrt{x^2 + y^2}$ que es equivalente a la definición (1) dada arriba.

Las propiedades del módulo de un vector son:

Vectores ortogonales

En un espacio vectorial euclídeo E, dos vectores son ortogonales si su producto escalar es cero.

Ejemplo: Los vectores $X = (1;5;4;3;0) \in \Re^5$ y $Y = (2;-1;3;-3;6) \in \Re^5$ son ortogonales porque:

$$X\,Y = 1\;2 + 5(-1) + 4\,3 + 3(-3) + 0\,6 = 0.$$

También definiremos un sistema de vectores ortogonal:

Un sistema de k vectores, de un espacio vectorial euclídeo E es un sistema ortogonal de vectores, si todo par de vectores del sistema son vectores ortogonales.

Ejemplo: El sistema de vectores $A = \{(2;-1);(1;2)\} \in \Re^2$ es un sistema or:ogonal de vectores porque el producto escalar es cero.

Por las características e importancia en distintas aplicaciones es considerar los sistemas de vectores que sean ortonormales que es un sistema ortogonal donde todos los vectores del sistema están normalizados.

IV.7 Bases ortonormales: Método de Gram-Schmidt

Se parte de *n* vectores de un sistema $A = \{a_1; a_2; \ldots; a_n\}$ ***linealmente independientes*** y se trata de hallar a partir de ellos una ***base ortogonal*** $P = \{b_1; b_2; \ldots; b_n\}$.

El primer vector b_1 se puede obtener normalizando a_1:

$$b_1 = \frac{a_1}{|a_1|}$$

Los vectores b_2 , b_3 ,... se obtienen quitando a los vectores a_2 , a_3 ,... las componentes según los "b" anteriores (calculadas según (3)) y normalizando (siempre existe b_i **≠0**, por ser los a_i linealmente independientes).

$$b_2' = a_2 - (b_1 a_2) b_1 \qquad b_2 = \frac{b_2'}{|b_2'|}$$

$$b_3' = a_3 - (b_1 a_3) b_1 - (b_2 a_3) b_2 \qquad b_3 = \frac{b_3'}{|b_3'|}$$

....

$$b_n' = a_n - (b_1 a_n) b_1 - (b_2\ a_n) b_2 - (b_{n-1} a_n) b_{n-1} \qquad b_n = \frac{b_n'}{|b_n'|}$$

Ejercicios propuestos.

1. Dados los sistemas de vectores:

   a) S = { (1, -1, 0); (2, 2,-2); (2, -1,-2) }

   b) $M=\left\{\begin{bmatrix} 2 & 1 & -1 \\ -2 & 0 & 1 \\ -2 & 1 & 2 \end{bmatrix};\begin{bmatrix} -1 & 2 & 1 \\ 0 & 2 & -1 \\ -2 & 1 & 2 \end{bmatrix};\begin{bmatrix} 1 & -2 & 2 \\ -1 & -1 & 1 \\ 2 & 0 & -2 \end{bmatrix}\right\}$

1.1 Expresar los vectores dados como combinación lineal de los sistemas de vectores dados S, M:

- v = (1, -1, 0)
- $A = \begin{bmatrix} -2 & 1 & -1 \\ 1 & -3 & 1 \\ -1 & 0 & -2 \end{bmatrix}$

1.2 Determinar si los sistemas de vectores S, M definen un (SLD) o (SLI).

1.3 Determinar si S, M definen una base del espacio vectorial al que pertenecen.

1.4 Determinar si S, M definen una base ortonormal del espacio vectorial al que pertenecen.

Capitulo V: Sistemas de ecuaciones lineales (SEL).

Una expresión de la forma **$a_1x_1 + a_2x_2 + \ldots + a_nx_n = b_1$** es una **ecuación lineal**, donde a_i, $b_1 \in \Re$, i=1,2,3,...,n, son coeficientes de las incógnitas o variables $x_1, x_2, \ldots, x_n$ y b_1 es el término independiente.

Lo anterior puede ser expresado de la siguiente forma:

Sean: $A \in$ **$M_{1xn}(\Re)$**, $X \in$ **$M_{nx1}(X)$**, $b_1 \in$ **$M_{1x1}(\Re)$**, llamemos a X el conjunto de incógnitas o variables que toman valores sobre $\Re$. Entonces escribamos **A X = b_1**, una **ecuación matricial lineal**,

$$\begin{bmatrix} a_1 & a_2 & \ldots & a_{n-1} & a_n \end{bmatrix} \begin{bmatrix} x_1 \\ x_2 \\ \vdots \\ x_{n-1} \\ x_n \end{bmatrix} = b_1$$

; aplicando las operaciones, producto de matrices e igualdad de matrices, obtenemos, $a_1x_1 + a_2x_2 + \ldots + a_nx_n = b_1$

Un conjunto de ecuaciones lineales le llamamos **Sistemas de Ecuaciones Lineales, SEL.**

V.1 Sistemas de ecuaciones lineales. Forma matricial de un SEL. Interpretación geométrica.

Sean: A $\in$ **Mmxn($\Re$), X$\in$ Mnx1(X),** B$\in$ **Mmx1($\Re$**), entonces la ecuación matricial,

$$A\,X = B. \qquad \textbf{(I)}$$

Donde,

$$A = \begin{pmatrix} a_{11} & a_{12} & \dots & a_{1n} \\ a_{21} & a_{22} & \dots & a_{2n} \\ \dots & \dots & \dots & \dots \\ a_{m1} & a_{m2} & \dots & a_{mn} \end{pmatrix}, \quad X = \begin{pmatrix} x_1 \\ x_2 \\ \vdots \\ x_n \end{pmatrix}, \quad B = \begin{pmatrix} b_1 \\ b_2 \\ \vdots \\ b_m \end{pmatrix}$$

Define un **SEL** en forma matricial. Donde A es la matriz del sistema; X es la matriz de las incógnitas y B la matriz de los términos independientes.

Aplicando las operaciones, producto de matrices e igualdad de matrices, obtenemos

$$\begin{cases} a_{11}x_1 + a_{12}x_2 + a_{13}x_3 + \dots + a_{1n}x_n = b_1 \\ a_{21}x_1 + a_{22}x_2 + a_{23}x_3 + \dots + a_{2n}x_n = b_2 \\ \dots\dots \;\; .. \;\; \dots\dots \;\; \dots \;\; \dots\dots \;\; .. \;\; \dots \;\; .. \;\; \dots\dots \;\; .. \;\; \dots \\ a_{m1}x_1 + a_{m2}x_2 + a_{m3}x_3 + \dots + a_{mn}x_n = b_m \end{cases} \qquad \textbf{(II)}$$

Un conjunto de **m ecuaciones lineales,** de coeficientes reales, con **n incógnitas (variables),** le llamamos **SEL.** Si **n = m,** tenemos un **SEL** de **n ecuaciones lineales,** de coeficientes reales, con **n incógnitas (variables).**

Si **B =** ***O***, una matriz columna nula, el sistema se define como, **SEL Homogéneo**. En caso contrario, se define como, **SEL No Homogéneo**

Es evidente que (I) y (II), son equivalentes.

Cada ecuación de (II), representa un **hiperplano** en el espacio $\Re^n$.

De forma natural surge la interrogante. ¿Cómo están relacionados estos hiperplanos?

La respuesta a la interrogante se obtiene al resolver el SEL. Determinar su conjunto solución, cuya interpretación, define la relación entre los hiperplanos.

Consideremos el caso: A∈ **M2x2(** $\Re$ **), X∈ M2x1(X),** B∈ **M2x1(** $\Re$ **), B = *O***, entonces (II), expresa el SEL Homogéneo,

$$\begin{cases} r_1 : a_{11}x_1 + a_{12}x_2 = 0 \\ r_2 : a_{21}x_1 + a_{22}x_2 = 0 \end{cases}$$

Donde las ecuaciones definen las recta, r_1, r_2, para todo, $a_{ij} \neq 0$, i = 1,2; j = 1,2. Presentándose las situaciones siguientes:

1-Las rectas pasan por el origen de coordenadas del plano XOY, intersectándose en un punto.

2-Las rectas son paralelas coincidentes, pasando por el origen de coordenadas.

El conjunto solución, para cada caso queda expresado:

1- $S_1 = \left\{(x,y) \in \Re^2 : x = 0, y = 0\right\}$,

2- $S_2 = \left\{(x,y) \in \Re^2 : (x,y) \in r_1 \text{ y } (x,y) \in r_2\right\}$.

Los SEL Homogéneo siempre tienen solución:

1- Solución única

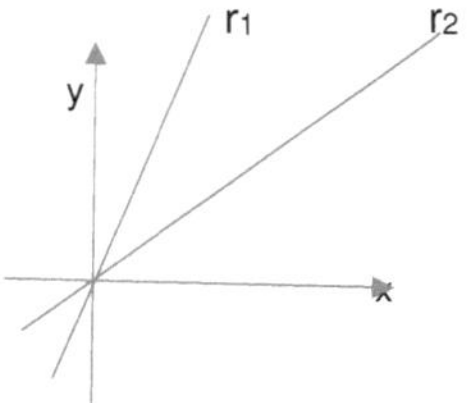

2- Infinitas soluciones.

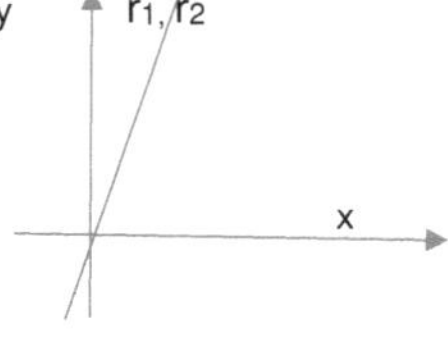

Consideremos el caso: A∈ **M2x2(** $\Re$ **), X∈ M2x1(X),** B∈ **M2x1(** $\Re$ **), B ≠ *O***, entonces (II), expresa el SEL No Homogéneo,

$$\begin{cases} r_1 : a_{11}x_1 & + & a_{12}x_2 & = & b_1 \\ r_2 : a_{21}x_1 & + & a_{22}x_2 & = & b_2 \end{cases}$$

Donde las ecuaciones definen las recta, r_1, r_2, para todo, $a_{ij} \neq 0$, i = 1,2; j = 1,2. Presentándose las situaciones siguientes:

1-Las rectas se intersectan en un punto del plano XOY, cortando los ejes coordenados. x, y.

2-Las rectas son paralelas coincidentes, cortando los ejes coordenados x, y.

3-Las rectas son paralelas no coincidentes, cortando los ejes coordenados x, y.

El conjunto solución, para cada caso queda expresado:

1- $S_1 = \left\{(x,y) \in \Re^2 : x = \alpha, y = \beta;\ \alpha, \beta \in R\right\}$,

2- $S_2 = \left\{(x,y) \in \Re^2 : (x,y) \in r_1\ y\ (x,y) \in r_2\right\}$

3- $S_3 = \phi$

Para los SEL No Homogéneo tenemos:

1- Solución única,

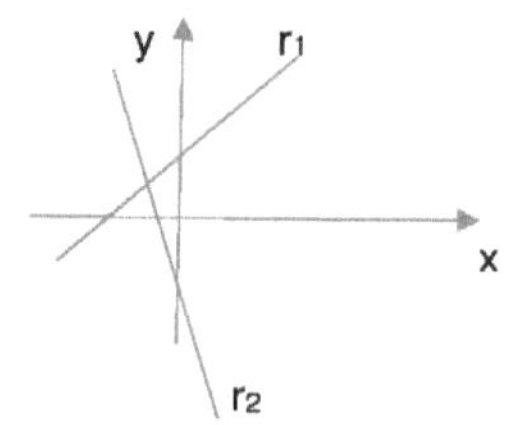

2- Infinitas soluciones,

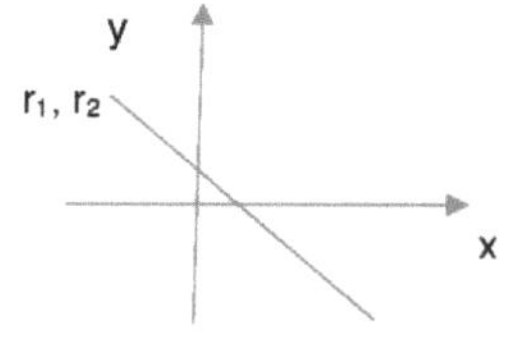

3- No tiene solución.

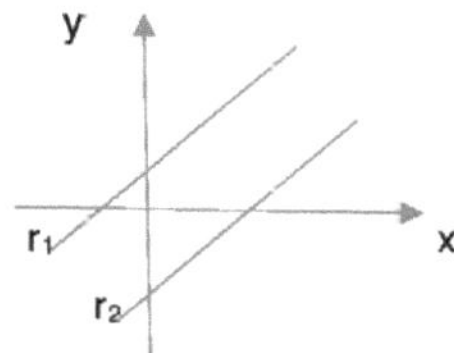

Para $\Re^n$, con $n \geq 4$, no es posible una representación geométrica. Lo anterior muestra la necesidad de determinar analíticamente el conjunto solución.

V.2 Métodos analíticos para determinar el conjunto solución de un SEL.

Consideremos, A$\in$ **$M_{1x1}(\Re$),** X$\in$ **M_{1x1}(X),** B$\in$ **$M_{1x1}(\Re$),** tenemos la ecuación **ax = b, a ≠ 0,** una ecuación lineal de coeficientes reales en la incógnita x.

Su solución se obtiene al multiplicar ambos miembros de la igualdad por **a^{-1}**, opuesto multiplicativo de **a, a^{-1} a x = a^{-1} b,** donde **a a^{-1} = 1,** entonces, **x = a^{-1} b,** solución de la ecuación. Sustituyendo **x** en la ecuación, **a a^{-1} b = b**, obtenemos la identidad **b = b.**

Consideremos la ecuación (I), generalización de la ecuación anterior en una variable. Entonces, por analogía, resolver A X = B, implica determinar A^{-1}, inverso multiplicativo de A, tal que, satisfaga,A^{-1} A= I, donde I es la matriz identidad.

Entonces X = A^{-1}B, siendo la matriz X la solución de (I). Sustituyendo X en (I), tenemos, A A^{-1}B = B, obtenemos la igualdad B = B. Todo lo anterior expresa que al sustituir los valores de X en cada ecuación de (II), cada ecuación se transforma en una identidad.

Aceptar lo anterior, obliga responder las interrogantes:

1. **¿Para toda A$\in$ M_{mxn}(R), existe A^{-1}, tal que, A^{-1} A = A A^{-1}= I,?**
2. **¿Cómo construir A^{-1}?**

Respuesta a la primera interrogante:

La condición **A^{-1}A = A A^{-1},** propone que el producto de A con su inverso multiplicativo A^{-1}, es conmutativa.

Consideremos **A $\in$ $M_{mxn}(\Re$),** por la regla de multiplicación de matrices, para que exista

A^{-1}A, $A^{-1}$$\in$ $M_{pxm}(\Re$), entonces, A^{-1}A $\in$ $M_{pxn}(\Re$), para todo p. Para que existe **A A^{-1}, A^{-1}**

$\in$ **$M_{nxs}(\Re$),** para todo **s,** tenemos, **A $A^{-1}$$\in$ $M_{mxs}(\Re$).**

Para que se satisfaga, **A^{-1}A = A A^{-1},** tiene que cumplirse, p = m y s = n. Puesto que,

A^{-1}A = A A^{-1}= I, I matriz cuadrada, entonces, n = m, por tanto, **A$\in$ $M_{nxn}(\Re$),**

Lo anterior nos permite arribar a la conclusión.

Teorema: La condición necesaria para que exista **A^{-1}** , inversa de A, es, que **A$\in$ $M_{nxn}(\Re$).**
A matriz cuadrada.

Método de la Matriz Inversa.

Sea el S.E.L **AX = B,** un sistema con n ecuaciones y n incógnitas. A matriz cuadrada, de orden n.

Determinar el conjunto solución del S.E.L, impone calcular la matriz inversa de A,

Para facilitar la comprensión del procedimiento a desarrollar, consideremos A $\in$ **M2x2(** $\Re$), no singular, det (A)= $a_{11}a_{22} - a_{21}a_{21} \neq 0$.

Sea $A^{-1} = \begin{bmatrix} x & y \\ z & w \end{bmatrix}$, x, y, z, w valores desconocidos. Escribamos la ecuación matricial:

$$\begin{bmatrix} a_{11} & a_{12} \\ a_{21} & a_{22} \end{bmatrix} \begin{bmatrix} x & y \\ z & w \end{bmatrix} = \begin{bmatrix} 1 & 0 \\ 0 & 1 \end{bmatrix} = \begin{bmatrix} x & y \\ z & w \end{bmatrix} \begin{bmatrix} a_{11} & a_{12} \\ a_{21} & a_{22} \end{bmatrix} \qquad \textbf{(III)}$$

Aplicando las propiedades, producto de matrices e igualdad de matrices, obtenemos el SEL No Homogéneo,

$$\begin{cases} a_{11}x & + & a_{12}z & = & 1 \\ a_{21}x & + & a_{22}z & = & 0 \\ a_{11}y & + & a_{12}w & = & 0 \\ a_{21}y & + & a_{22}w & = & 1 \end{cases} .$$

Exprésemoslo en forma matricial,

$$\begin{pmatrix} a_{11} & a_{12} & 0 & 0 \\ a_{21} & a_{22} & 0 & 0 \\ 0 & 0 & a_{11} & a_{12} \\ 0 & 0 & a_{21} & a_{22} \end{pmatrix} \begin{pmatrix} x \\ z \\ y \\ w \end{pmatrix} = \begin{pmatrix} 1 \\ 0 \\ 0 \\ 1 \end{pmatrix};$$

Observemos que la matriz del sistema es una matriz simétrica por bloques o células, donde cada bloque es una matriz de orden 4.

Lo anterior nos permite escribir los S.E.L No Homogéneos α y β:

$$\alpha\begin{cases} a_{11}x + a_{12}z = 1 \\ a_{21}x + a_{22}z = 0 \end{cases}$$

$$\beta\begin{cases} a_{11}y + a_{12}w = 0 \\ a_{21}y + a_{22}w = 1 \end{cases}$$

Solución de **α.**

Despejando x en la segunda ecuación y sustituyendo en la primera ecuación, tenemos:

$\mathrm{x} = -\frac{a_{22}}{a_{21}}\mathrm{z};\ a_{11}\left(-\frac{a_{22}}{a_{21}}\right)\mathrm{z} + a_{12}\mathrm{z} = 1;$ despejamos z,

$\mathrm{z} = -\frac{a_{21}}{a_{11}a_{22}-a_{12}a_{21}}$, sustituyendo z en x tenemos, $\mathrm{x} = \frac{a_{22}}{a_{11}a_{22}-a_{12}a_{21}}$.

Operando de forma análoga en el sistema **β**, Obtenemos:

$\mathrm{y} = -\frac{a_{12}}{a_{11}a_{22}-a_{12}a_{21}}$; $\mathrm{w} = \frac{a_{11}}{a_{11}a_{22}-a_{12}a_{21}}$. Sustituyendo los valores de x, y, z, w, en la ecuación matricial **(III),** obtenemos,

$$\begin{bmatrix} a_{11} & a_{12} \\ a_{21} & a_{22} \end{bmatrix}\begin{bmatrix} \frac{a_{22}}{a_{11}a_{22}-a_{12}a_{21}} & -\frac{a_{12}}{a_{11}a_{22}-a_{12}a_{21}} \\ -\frac{a_{21}}{a_{11}a_{22}-a_{12}a_{21}} & \frac{a_{11}}{a_{11}a_{22}-a_{12}a_{21}} \end{bmatrix} = \begin{bmatrix} 1 & 0 \\ 0 & 1 \end{bmatrix};$$ siéndo valida la propiedad conmutativa del producto de matrices.

$$\begin{bmatrix} \dfrac{a_{22}}{a_{11}a_{22}-a_{12}a_{21}} & -\dfrac{a_{12}}{a_{11}a_{22}-a_{12}a_{21}} \\ -\dfrac{a_{21}}{a_{11}a_{22}-a_{12}a_{21}} & \dfrac{a_{11}}{a_{11}a_{22}-a_{12}a_{21}} \end{bmatrix} \begin{bmatrix} a_{11} & a_{12} \\ a_{21} & a_{22} \end{bmatrix} = \begin{bmatrix} 1 & 0 \\ 0 & 1 \end{bmatrix},$$

Hemos probado que, **$A^{-1}A = A\,A^{-1} = I$,** entonces,

$$\mathbf{A^{-1}} = \begin{bmatrix} \dfrac{a_{22}}{a_{11}a_{22}-a_{12}a_{21}} & -\dfrac{a_{12}}{a_{11}a_{22}-a_{12}a_{21}} \\ -\dfrac{a_{21}}{a_{11}a_{22}-a_{12}a_{21}} & \dfrac{a_{11}}{a_{11}a_{22}-a_{12}a_{21}} \end{bmatrix}$$

El denominador de cada elemento de **A^{-1}**, es el **det (A)**. Del producto de un escalar por una matriz, obtenemos,

$$\mathbf{A^{-1}} = \frac{1}{\det(A)} \begin{bmatrix} a_{22} & -a_{12} \\ -a_{21} & a_{11} \end{bmatrix}$$

La matriz $\begin{bmatrix} a_{22} & -a_{12} \\ -a_{21} & a_{11} \end{bmatrix}$ es la tranpuesta de la matriz de los cofactores de A. Llamaremos **matriz adjunta** de A.

Obtenemos, $\mathbf{A^{-1}} = \dfrac{\text{Aadj}}{\det(A)}$, que satisfice, **$A^{-1}A = A\,A^{-1} = I$.**

El resultado es generalizable a toda matriz cuadrada no singular.

Sea A ∈ **M_{nxn}(R).** Llamaremos inversa de A, a la matriz **$A^{-1} = A_{adj}$ / det (A), para det (A) ≠ 0.**

Todo lo anterior nos permite aseverar:

Para toda matriz A, invertible se cumple:

1. **A es cuadrada.**
2. **det (A) ≠ 0.**
3. **$A^{-1} = A_{adj}$ / det (A).**
4. **A^{-1} A= A A^{-1}= I.**

5. A^{-1} es única para toda A.

El det (A) es único, así como la matriz adjunta de A.

6. La ecuación matricial AX = B, tiene solución única, $X = A^{-1}B$.

Multiplicando a la izquierda, de ambos miembros de la ecuación por A^{-1} obtenemos,

$A^{-1}AX = A^{-1}B$

Como $A^{-1}A = I$, obtenemos:

$IX = A^{-1}B$

$X = A^{-1}B$, solución de la ecuación matricial.

Sustituyendo **X** en la ecuación matricial tenemos, $AA^{-1}B = B$, por la conmutatividad de, $A^{-1}A = AA^{-1} = I$, obtenemos la identidad, **B = B.**

La ecuación matricial tiene solución unica, existe la matriz **X**, tal que, al multiplicar la matriz **A** por la matriz **X**, la transforma en la matriz **B**.

Ejemplo 1: Determinar la inversa de $A = \begin{pmatrix} 1 & -2 \\ -1 & 3 \end{pmatrix}$.

1^0. $A \in M_{2x2}(R)$, es cuadrada.

2^0. $\det(A) = \begin{vmatrix} 1 & -2 \\ -1 & 3 \end{vmatrix} = 1$,

3^0. Calcular A_{adj}.

$A_{adj} = \begin{pmatrix} 3 & 2 \\ 1 & 1 \end{pmatrix}$, entonces, $A^{-1} = A_{adj} / \det(A) = \dfrac{\begin{pmatrix} 3 & 2 \\ 1 & 1 \end{pmatrix}}{1} = \begin{pmatrix} 3 & 2 \\ 1 & 1 \end{pmatrix}$

4^0 $A^{-1}A = = AA^{-1} = I$

$$\begin{pmatrix} 3 & 2 \\ 1 & 1 \end{pmatrix}\begin{pmatrix} 1 & -2 \\ -1 & 3 \end{pmatrix} = \begin{pmatrix} 1 & -2 \\ -1 & 3 \end{pmatrix}\begin{pmatrix} 3 & 2 \\ 1 & 1 \end{pmatrix} = \begin{pmatrix} 1 & 0 \\ 0 & 1 \end{pmatrix}.$$

Ejemplo 2: Sean A = $\begin{pmatrix} 1 & -2 \\ -1 & 3 \end{pmatrix}$; B = $\begin{pmatrix} 1 \\ 0 \end{pmatrix}$, entonces el SEL No Homogéneo en forma matricial

$\begin{pmatrix} 1 & -2 \\ -1 & 3 \end{pmatrix}\begin{pmatrix} x \\ y \end{pmatrix} = \begin{pmatrix} 1 \\ 0 \end{pmatrix}$, donde, $|A| = 1$, $A_{adj} = \begin{pmatrix} 3 & 2 \\ 1 & 1 \end{pmatrix}$, entonces,

$A^{-1} = \begin{pmatrix} 3 & 2 \\ 1 & 1 \end{pmatrix}\frac{1}{|A|} = \begin{pmatrix} 3 & 2 \\ 1 & 1 \end{pmatrix}$.

Obtenemos la solución,

$\begin{pmatrix} x \\ y \end{pmatrix} = \begin{pmatrix} 3 & 2 \\ 1 & 1 \end{pmatrix}\begin{pmatrix} 1 \\ 0 \end{pmatrix} = \begin{pmatrix} 3 \\ 1 \end{pmatrix}$, comprobando,

$\begin{pmatrix} 1 & -2 \\ -1 & 3 \end{pmatrix}\begin{pmatrix} 3 \\ 1 \end{pmatrix} = \begin{pmatrix} 1 \\ 0 \end{pmatrix}$;

$\begin{pmatrix} 1 \\ 0 \end{pmatrix} = \begin{pmatrix} 1 \\ 0 \end{pmatrix}$, al multiplicar A por la X encontrada, esta se transforma en B.

El resultado anterior, en el lenguaje de conjunto se expresa,

$S = \left\{(x, y) \in \Re^2 : x = 3,\ y = 1\right\}$.

Observemos, las ecuaciones del sistema representan las rectas r_1, r_2:

$$\begin{cases} r_1 : x - 2y = 1 \\ r_2 : -x + 3y = 0 \end{cases};$$

Las rectas r_1, r_2, se intersectan en el punto (x , y) = (3 , 1) del plano XOY.

Proponemos al lector realice la representación sobre el plano, del SEL y el conjunto solución.

Ejemplo 3: Sean A = $\begin{pmatrix} 1 & -2 \\ -1 & 3 \end{pmatrix}$; B = $\binom{0}{0}$, entonces el SEL Homogéneo en forma matricial

$\begin{pmatrix} 1 & -2 \\ -1 & 3 \end{pmatrix}\binom{x}{y} = \binom{0}{0}$, donde, $|A| = 1$, $A_{adj} = \begin{pmatrix} 3 & 2 \\ 1 & 1 \end{pmatrix}$, entonces,

$A^{-1} = \begin{pmatrix} 3 & 2 \\ 1 & 1 \end{pmatrix}\frac{1}{|A|} = \begin{pmatrix} 3 & 2 \\ 1 & 1 \end{pmatrix}$.

Obtenemos la solución,

$\binom{x}{y} = \begin{pmatrix} 3 & 2 \\ 1 & 1 \end{pmatrix}\binom{0}{0} = \binom{0}{0}$, comprobando,

$\begin{pmatrix} 1 & -2 \\ -1 & 3 \end{pmatrix}\binom{0}{0} = \binom{0}{0}$;

$\binom{0}{0} = \binom{0}{0}$, al multiplicar A por la X encontrada, esta se transforma en B.

El resultado anterior, en el lenguaje de conjunto se expresa,

S = $\{(x, y) \in R^2 : x = 0, y = 0\}$.

Observemos, las ecuaciones del sistema representan las rectas r_1, r_2:

$$\begin{cases} r_1 : x - 2y = 0 \\ r_2 : -x + 3y = 0 \end{cases};$$

Las rectas r_1, r_2, se intersectan en el origen de coordenadas, (x , y) = (0 , 0) del plano XOY.

Proponemos al lector realice la representación sobre el plano, del SEL y el conjunto solución

Ejercicio propuesto

1-Dadas las matrices:

$$A=\begin{pmatrix} 1 & 1 & 2 \\ -1 & 3 & 4 \\ 2 & 0 & 1 \end{pmatrix}; \quad J=\begin{bmatrix} 4 & 0 & 0 \\ 2 & 2 & 0 \\ 1 & -3 & 1 \end{bmatrix}; \quad E=\begin{bmatrix} 3 & -1 & 7 & 0 \\ 0 & 2 & 0 & 1 \\ 0 & 0 & -1 & 0 \\ 0 & 0 & 0 & 5 \end{bmatrix}; \quad B=\begin{bmatrix} 0 & -2 & -1 \\ 2 & 0 & 3 \\ 1 & -3 & 0 \end{bmatrix}$$

a)Determinar la matriz inversa y verificar la condición de conmutatividad en cada caso.

b)Resolver y comprobar:

$$A\,X=\begin{pmatrix} -2 \\ 0 \\ 1 \end{pmatrix}; \quad J\,X=\begin{pmatrix} 0 \\ 0 \\ 0 \end{pmatrix}; \quad E\,X=\begin{pmatrix} 1 \\ -3 \\ 0 \\ -1 \end{pmatrix}$$

V.3 *Método de Eliminación de GAUSS.*

El método de la Matriz Inversa presenta limitantes en su aplicación:

- **No permite un estudio completo de los sistemas con matriz A cuadrada singular.**
- **No permite el estudio de los sistemas con matriz A rectángular.**

Presentamos un método clásico, que resulve las limitaciones del método de la matriz inversa.

Sean A $\in$ **$M_{mxn}(\Re)$**, X $\in$ **$M_{nx1}(X)$**, B $\in$ **$M_{mx1}(\Re)$**.

La ecuación matricial, A X = B, equivalente al SEL,

$$\begin{cases} a_{11}x_1 & + & a_{12}x_2 & + & a_{13}x_3 & + & \dots & + & a_{1n}x_n & = & b_1 \\ a_{21}x_1 & + & a_{22}x_2 & + & a_{23}x_3 & + & \dots & + & a_{2n}x_n & = & b_2 \\ \dots\dots & .. & \dots\dots\dots & \dots & \dots\dots & .. & \dots. & .. & \dots\dots & .. & \dots \\ a_{m1}x_1 & + & a_{m2}x_2 & + & a_{m3}x_3 & + & \dots & + & a_{mn}x_n & = & b_m \end{cases}$$

Consideremos la matriz de todos los coeficientes del SEL.

Llamaremos **matriz ampliada** del SEL, se denota (A, B),

$$(A, B) = \begin{pmatrix} a_{11} & a_{12} & \dots & a_{1n} & | \; b_1 \\ a_{21} & a_{22} & \dots & a_{2n} & | \; b_2 \\ \dots & \dots & \dots & \dots & \dots \\ a_{m1} & a_{m2} & \dots & a_{mn} & | \; b_m \end{pmatrix}$$

la matriz A junto a la matriz B.

El algoritmo que se presenta para la solución del SEL, consta de tres etapas:

I) Reducir (A, B) por medio de k iteraciones, de operaciones elementales por fila a la matriz equivalente escalón.

$$(A', B') = \begin{pmatrix} a_{11} & a_{12} & \dots & a_{1n} & | \; b_1 \\ 0 & a_{22}^1 & \dots & a_{2n}^1 & | \; b_2^1 \\ \dots & \dots & \dots & \dots & \dots \\ 0 & 0 & \dots & a_{mn}^k & | \; b_m^k \end{pmatrix}$$

II) Restituir el SEL, con matriz escalón equivalente.

$$\begin{cases} a_{11}x_1 & + & a_{12}x_2 & + & a_{13}x_3 & + & \dots & + & a_{1n}x_n & = & b_1 \\ & & a_{22}^1x_2 & + & a_{23}^1x_3 & + & \dots & + & a_{2n}^1x_n & = & b_2^1 \\ \dots\dots & .. & \dots\dots\dots & \dots & \dots\dots & .. & \dots. & .. & \dots\dots & .. & \dots \\ & & & & & & & & a_{22}^kx_n & = & a_m^k \end{cases}$$

III) De forma ascendente por las ecuaciones del nuevo SEL, determinar los valores de las incógnitas.

IV) Verificar la veracidad del conjunto solución. Comprobación.

El ser (A, B) equivalente a (A', B'), entonces, el sistema inicial y el sistema de la etapa II) son equivalentes. Lo que garantiza que sus conjuntos solución son iguales.

Ejemplo 4: Determinar el conjunto solución.

$$\begin{cases} x_1 - x_2 + 2x_3 = 3 \\ x_1 + x_2 - 3x_3 = 2 \\ 2x_1 - 2x_2 - x_3 = 1 \end{cases}$$

Matriz (A, B) = $\left(\begin{array}{ccc|c} 1 & -1 & 2 & 3 \\ 1 & 1 & -3 & 2 \\ 2 & -2 & -1 & 1 \end{array}\right)$

Reducir a la matriz escalón,
$F_2 \to F_1 - F_2$
$F_3 \to F_2 - 2F_1$

Matriz $(A', B') = \left(\begin{array}{ccc|c} 1 & -1 & 2 & 3 \\ 0 & -2 & 5 & 1 \\ 0 & 0 & -5 & -5 \end{array}\right)$

SEL equivalente:

$x_1 - x_2 + 2x_3 = 3$	(1)	De (3)	**$x_3 = 1$**
$-2x_2 + 5x_3 = 1$	(2)	Sustituyendo en (2)	$-2x_2 = -4 \to$ **$x_2 = 2$**
$-5x_3 = -5$	(3)	Sustituyendo en (1)	$x_1 = 3+2-2 \to$ **$x_1 = 3$**

Comprobación: A X = B $\to \begin{pmatrix} 1 & -1 & 2 \\ 1 & 1 & -3 \\ 2 & -2 & -1 \end{pmatrix} \begin{pmatrix} 3 \\ 2 \\ 1 \end{pmatrix} = \begin{pmatrix} 3 \\ 2 \\ 1 \end{pmatrix}$

Conjunto solución S = $\{(x_1, x_2, x_3) \in \Re^3 : x_1 = 3, x_2 = 2, x_3 = 1\}$

Observemos que el ejemplo puede ser resulto por el método de la matriz inversa. Dado que la matriz del sistema A es cuadrada, no singular, det(A) ≠ 0.

Como muestra el conjunto solución, el sistema tiene solución única.

Ejemplo 5: Determinar el conjunto solución.

$$\begin{cases} x_1 + 2x_2 - x_3 = 2 \\ x_1 - x_2 + 2x_3 = 4 \\ \quad 3x_2 - 3x_3 = -2 \end{cases}$$

Matriz (A, B) = $\left(\begin{array}{ccc|c} 1 & 2 & -1 & 2 \\ 1 & -1 & 2 & 4 \\ & 3 & -3 & -2 \end{array}\right)$

Reducir a la matriz escalón,

Matriz $(A', B') = \left(\begin{array}{ccc|c} 1 & 2 & -1 & 2 \\ 0 & -3 & 3 & 2 \\ 0 & 0 & 0 & 0 \end{array}\right)$

SEL equivalente:

$x_1 + 2x_2 - x_3 = 2$ (1) De (2) $\mathbf{x_3 = 2/3 + x_2}$, x_2 (Variable Libre)

$-3x_2 + 3x_3 = 2$ (2) Sustituyendo en (1) $x_1 = 2 - 2x_2 + 2/3 + x_2$

$\mathbf{x_1 = 8/3 - x_2}$

Conjunto solución S = $\{(x_1, x_2, x_3) \in \Re^3 : x_1 = 8/3 - x_2, x_3 = 2/3 + x_2 \; x_2 \in R\}$

Observemos que el ejemplo no puede ser resulto por el método de la matriz inversa. Dado, que la matriz del sistema, A es cuadrada, pero singular, det(A) = 0.

Como muestra el conjunto solución el sistema tiene infinitas soluciones. La variable libre, muestra que para todo valor de la incógnita, $x_2 \in R$., obtenemos nuevos valores para las incógnitas x_1, x_3.

Por ejemplo para $x_2 = 0$, $x_1 = 8/3$, $x_3 = 2/3$,

Comprobación: A X = B $\rightarrow \begin{pmatrix} 1 & 2 & -1 \\ 1 & -1 & 2 \\ & 3 & -3 \end{pmatrix} \begin{pmatrix} \frac{8}{3} \\ 0 \\ \frac{2}{3} \end{pmatrix} = \begin{pmatrix} 2 \\ 4 \\ -2 \end{pmatrix}$

Ejemplo 6: Determinar el conjunto solución.

$$\begin{cases} x_1 & - & 2x_2 & - & 2x_3 & = & 1 \\ -x_1 & + & 2x_2 & + & 2x_3 & = & 3 \\ x_1 & + & x_2 & + & x_3 & = & 0 \end{cases}$$

Matriz (A, B) = $\left(\begin{array}{ccc|c} 1 & -2 & -2 & 1 \\ -1 & 2 & 2 & 3 \\ 1 & 1 & 1 & 0 \end{array}\right)$

Reducir a la matriz escalón,

Matriz $(\mathrm{A}',\mathrm{B}') = \left(\begin{array}{ccc|c} 1 & -2 & -2 & 1 \\ 0 & -3 & -3 & 1 \\ 0 & 0 & 0 & 4 \end{array}\right)$

SEL equivalente:

$$\begin{aligned} x_1 - 2x_2 - 2x_3 &= 1 \quad (1) \\ -3x_2 - 3x_3 &= 1 \quad (2) \\ 0 &= 4 \quad (3) \end{aligned}$$

La trecera ecuación muestra que el sistema no tiene solución, dado que la igual no se satisface, entonces,

Conjunto solución S = ∅, vacio.

Los ejemplos 4,5 y 6, permiten el análisis siguiente:

En los tres ejemplos A es una matriz cuadrada, podemos calcular el determinante:

- Ejemplo 4, det(A) ≠ 0, solución única.
- Ejemplos 5 y 6, det(A) = 0. En 5 infinitas soluciones, en 6 no tiene solución.

El cálculo del determinante no es suficiente para el estudio del conjunto solución de sistemas con matriz A cuadrada. En sistemas con la matriz A, rectángular, no es aplicable.

Esta situación fue resulta, por el teorema de Kronecker-Capelli (también conocido como teorema Rouche-Frobenius).

Los resultados de este teorema permiten clasificar los SEL por su conjunto solución:

- **Existe solución**, SEL **compatible:** solución única SEL **compatible determinado,** infinitas soluciones SEL **compatible indeterminado.**
- **No existe solución,** SEL **incompatible.**

El siguiente diagrama presenta la clasificación de los SEL por la matriz B y su conjunto solución. Los resultados que presenta el teorema de Kronecker-Capelli.

r(A)- rango de la matriz del sistema.

r(A, B)- rango matriz ampliada (la matriz A juntoa la matriz B).

n- número de incógnitas del sistema.

n_0- número de variables libres (no. V.L)

Clasificación de los SEL.

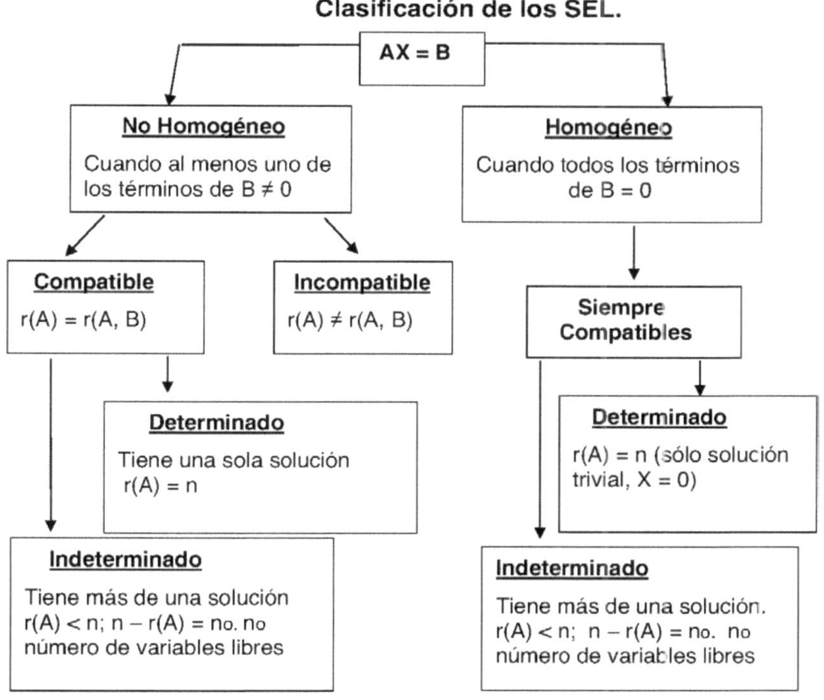

Volviendo a los ejemplos 4, 5 y 6. Aplicamos el teorema de Kronecker-Capelli.

Ejemplo 4: r(A) = 3, r(A,B) = 3; r(A) = r(A,B) = n, 3 = 3 = 3; no. de V.L, V.L = 3-3 =0; COMPATIBLE DETERMINADO.

Ejemplo 5: r(A) = 2, r(A,B) = 2; r(A) = r(A,B) < n; 2 = 2 < 3; n – r(A) = no. de V.L, V.L = 3-2 =1; COMPATIBLE INDETERMINADO.

Ejemplo 6: r(A) = 2, r(A,B) = 3; r(A) ≠ r(A,B), 2 ≠ 3; INCOMPATIBLE.

Proponemos a los lectores reproducir y analizar los ejemplos 4, 5, 6, al aplicar el teorema de Kronecker-Capelli.

Los sistemas de ecuaciones lineales no homogéneos compatibles indeterminados, su solución puede ser expresada como la suma de dos vectores columnas de la forma S = $X_P + X_H$, donde el vector X_P es una solución particular del sistema no homogéneo y el vector X_H es la solución general del homogéneo asociado.

Ejemplo 7: Estudiar el conjunto solución.

I. $$\begin{cases} x_1 + x_2 - 2x_3 = 4 \\ 2x_1 - x_2 + x_3 = 6 \\ 5x_1 + 2x_2 - 5x_3 = 18 \end{cases}$$

$$\left(\begin{array}{ccc|c} 1 & 1 & -2 & 4 \\ 2 & -2 & 1 & 6 \\ 5 & 2 & -5 & 18 \end{array}\right) \sim \left(\begin{array}{ccc|c} 1 & 1 & -2 & 4 \\ 0 & -3 & 5 & -2 \\ 0 & -3 & 5 & -2 \end{array}\right) \sim \left(\begin{array}{ccc|c} 1 & 1 & -2 & 4 \\ 0 & -3 & 5 & -2 \\ 0 & 0 & 0 & 0 \end{array}\right)$$

n = 3

r(A) = r(A/B) = 2 < 3, SEL compatible indeterminado, n – r(A) = 3 - 2 = 1 (V.L)

$$x_1 + x_2 - 2x_3 = 4$$
$$-3x_2 + 5x_3 = -2$$

x_3 = -2/5 + 3/5x_2

x_1 = 4 – x_2 – 2(-2/5 + 3/5x_2)

x_1 = 16/5 + 1/5x_2

Conjunto solución S = {(x_1, x_2, x_3) $\in \Re^3$: x_1 = 16/5 +1/5 x_2, x_3 = - 2/5 + 3/5 x_2; $x_2 \in$ R}

Pueden comprobar que el vector $X_P = \begin{pmatrix} 16/5 \\ 0 \\ -2/5 \end{pmatrix}$ es una solución particular del sistema anterior

y el vector $X_H = \begin{pmatrix} 1/5x_2 \\ x_2 \\ 3/5x_2 \end{pmatrix}$ es la solución general del sistema anterior si fuera un sistema de ecuaciones lineales homogéneo.

Como se analizó, todo sistema de ecuaciones lineales se puede expresar como la ecuación matricial AX = B, por tanto, su solución se puede comprobar realizando este producto matricial sustituyendo el vector X de incógnitas por la solución obtenida.

Se debe hacer m + 1 comprobaciones, donde m es la cantidad de variables libres. En este caso se hacen dos. Una para comprobar la solución particular y otra para la solución homogénea asociada.

Quedando de la siguiente forma:

Para solución particular:

A X_P = B

$$\begin{bmatrix} 1 & 1 & -2 \\ 2 & -2 & 1 \\ 5 & 2 & -5 \end{bmatrix} * \begin{bmatrix} 16/5 \\ 0 \\ -2/5 \end{bmatrix} = \begin{bmatrix} 4 \\ 6 \\ 18 \end{bmatrix}$$

Para solución homogénea asociada:

A X_H = 0

$$\begin{bmatrix} 1 & 1 & -2 \\ 2 & -2 & 1 \\ 5 & 2 & -5 \end{bmatrix} * \begin{bmatrix} 1/5x_2 \\ x_2 \\ 3/5x_2 \end{bmatrix} = \begin{bmatrix} 0 \\ 0 \\ 0 \end{bmatrix}$$

Después de realizada ambas multiplicaciones se comprueba que la solución es correcta y de esta manera se comprueba que el SEL tiene soluciones infinitas utilizando una comprobación finita.

Ejemplo 8:

II. $\begin{cases} x_1 + 2x_2 - 2x_3 + 2x_4 = -2 \\ x_1 + 2x_2 - x_3 + 3x_4 = -1 \\ 2x_1 + 4x_2 - 7x_3 + x_4 = -7 \end{cases}$

1⁰. $\left(\begin{array}{cccc|c} 1 & 2 & -2 & 2 & -2 \\ 1 & 2 & -1 & 3 & -1 \\ 2 & 4 & -7 & 1 & -7 \end{array}\right) \sim \left(\begin{array}{cccc|c} 1 & 2 & -2 & 2 & -2 \\ 0 & 0 & -1 & -1 & -1 \\ 0 & 0 & 3 & 3 & 3 \end{array}\right) \sim \left(\begin{array}{cccc|c} 1 & 2 & -2 & 2 & -2 \\ 0 & 0 & -1 & -1 & -1 \\ 0 & 0 & 0 & 0 & 0 \end{array}\right)$

r(A) = r(A/B) = 2 → Teorema de Rouche-Frobenius o de Kronecker-Capelli

n = 4 → SEL indeterminado. n – r(A) = 4 - 2 = 2 (variable libre)

2⁰. SEL equivalente:

$x_1 + 2x_2 - 2x_3 + 2x_4 = -2$ (1) De (2) $\mathbf{x_3 = 1 - x_4}$ x_4 y x_2 (V.L)

$-x_3 - x_4 = -1$ (2) Sustituyendo en (1) $x_1 = -2 - 2x_2 + 2(1 - x_4) - 2x_4$

$\mathbf{x_1 = -2x_2 - 4x_4}$

Luego la solución general es:

$$X = \begin{pmatrix} x_1 \\ x_2 \\ x_3 \\ x_4 \end{pmatrix} = \begin{pmatrix} -2x_2 - 4x_4 \\ x_2 \\ 1 - x_4 \\ x_4 \end{pmatrix} = \begin{pmatrix} 0 \\ 0 \\ 1 \\ 0 \end{pmatrix} + \begin{pmatrix} -2x_2 - 4x_4 \\ x_2 \\ 1 - x_4 \\ x_4 \end{pmatrix} = \begin{pmatrix} 0 \\ 0 \\ 1 \\ 0 \end{pmatrix} + \begin{pmatrix} -2x_2 \\ x_2 \\ 0 \\ 0 \end{pmatrix} + \begin{pmatrix} -4x_4 \\ 0 \\ -x_4 \\ x_4 \end{pmatrix}$$

Solución Particular — Solución General Homogéneo Asociado

$$X = \begin{pmatrix} 0 \\ 0 \\ 1 \\ 0 \end{pmatrix} + \begin{pmatrix} -2x_2 \\ x_2 \\ 0 \\ 0 \end{pmatrix} + \begin{pmatrix} -4x_4 \\ 0 \\ -x_4 \\ x_4 \end{pmatrix} = \begin{pmatrix} 0 \\ 0 \\ 1 \\ 0 \end{pmatrix} + x_2 \begin{pmatrix} -2 \\ 1 \\ 0 \\ 0 \end{pmatrix} + x_4 \begin{pmatrix} -4 \\ 0 \\ -1 \\ 1 \end{pmatrix}.$$

Luego realizando la comprobación matricialmente:

$$\begin{bmatrix} 1 & 2 & -2 & 2 \\ 1 & 2 & -1 & 3 \\ 2 & 4 & -7 & 1 \end{bmatrix} \begin{bmatrix} -2x_2 - 4x_4 \\ x_2 \\ 1 - x_4 \\ x_4 \end{bmatrix} = \begin{bmatrix} -2 \\ -1 \\ -7 \end{bmatrix}$$

$$\begin{bmatrix} -2x_2 - 4x_4 + 2x_2 - 2(1 - x_4) + 2x_4 \\ -2x_2 - 4x_4 + 2x_2 - (1 - x_4) + 3x_4 \\ 2(-2x_2 - 4x_4) + 4x_2 - 7(1 - x_4) + x_4 \end{bmatrix} = \begin{bmatrix} -2 \\ -1 \\ -7 \end{bmatrix}$$

Al agrupar los términos semejantes pueden comprobar que se obtiene una igualdad.

V.4 Una aplicación que generaliza un conjunto de definiciones y algoritmos presentados.

Problema: Dado un conjunto de m puntos $S = \{(x_1; y_1); (x_2; y_2); ....; (x_m; y_m)\}$ donde los x_i son todos distintos existe un polinomio de grado m-1 dado por la función $f(t) = \alpha_0 + \alpha_1 t + \alpha_2 t^2 .... + \alpha_{m-1} t^{m-1}$ que pasa por cada uno de estos puntos y es único.

Quiere decir que los coeficientes α_i del polinomio tienen que satisfacer cada una de las ecuaciones:

$$\begin{array}{ccccccccccc} \alpha_0 & + & \alpha_1 x_1 & + & \alpha_2 x_1^2 & + & .... & + & \alpha_{m-1} x_1^{m-1} & = & f(x_1) = y_1 \\ \alpha_0 & + & \alpha_1 x_2 & + & \alpha_2 x_2^2 & + & .... & + & \alpha_{m-1} x_2^{m-1} & = & f(x_2) = y_2 \\ .... & .. & .... & ... & .... & .. & .... & .. & ...... & .. & ... \\ \alpha_0 & + & \alpha_1 x_m & + & \alpha_2 x_m & + & .... & + & \alpha_{m-1} x_m^{m-1} & = & f(x_m) = y_m \end{array}$$

Escribiendo este sistema en forma matricial:

$$\begin{bmatrix} 1 & x_1 & x_1^{\;2} & \dots & x_1^{\;m-1} \\ 1 & x_2 & x_2^{\;2} & \dots & x_2^{\;m-1} \\ \vdots & \vdots & \vdots & \dots & \vdots \\ 1 & x_m & x_m^{\;2} & \dots & x_m^{\;m-1} \end{bmatrix} \begin{bmatrix} \alpha_0 \\ \alpha_1 \\ \vdots \\ \alpha_{m-1} \end{bmatrix} = \begin{bmatrix} y_1 \\ y_2 \\ \vdots \\ y_m \end{bmatrix}$$

Como se puede apreciar los coeficientes de la matriz del sistema forman una matriz cuadrada de Vandermonde, garantizando que es no singular, por tanto, el sistema es compatible determinado por lo que tiene una sola solución lo que significa que solo existe un solo polinomio de grado m-1 que pasa por todos los puntos del conjunto S.

Este polinomio $f(t) = \alpha_0 + \alpha_1 t + \alpha_2 t^2 .... + \alpha_{m-1} t^{m-1}$ se conoce como polinomio de interpolación de Lagrange de grado m-1.

El polinomio está dado por $f(t) = \sum_{i=1}^{m} \left(y_i \frac{\prod_{j \neq i}^{m} (t - x_j)}{\prod_{j \neq i}^{m} (x_i - x_j)} \right)$

Para el caso de un conjunto de dos puntos:

Sea el conjunto S de dos puntos: $S = \{(4;2);\,(-2;3)\}$ hallar el polinomio lineal que pasa por estos puntos.

En este caso se puede ver que es una recta por tanto el polinomio sería de la forma $f(t) = \alpha_0 + \alpha_1 t$ y planteando el modelo:

Los coeficientes α_i del polinomio tienen que satisfacer las ecuaciones:

$\begin{aligned} \alpha_0 + \alpha_1 x_1 &= y_1 \\ \alpha_0 + \alpha_1 x_2 &= y_2 \end{aligned}$ que expresado en forma matricial: $\begin{bmatrix} 1 & x_1 \\ 1 & x_2 \end{bmatrix} \begin{bmatrix} \alpha_0 \\ \alpha_1 \end{bmatrix} = \begin{bmatrix} y_1 \\ y_2 \end{bmatrix}$

Al sustituir los valores de los puntos en el sistema:

$$\begin{bmatrix} 1 & 4 \\ 1 & -2 \end{bmatrix} \begin{bmatrix} \alpha_0 \\ \alpha_1 \end{bmatrix} = \begin{bmatrix} 2 \\ 3 \end{bmatrix}$$

Al resolverlo obtenemos como resultado $\alpha_0 = 8/3$ y $\alpha_1 = -1/6$ por lo que el polinomio que pasa por esos puntos sería la recta con ecuación $f(t) = \frac{8}{3} - \frac{1}{6}t$.

Rectificando por la ecuación 1 nos queda

$$f(t) = \sum_{i=1}^{2}\left(y_i \frac{\prod_{j\neq i}^{m}(t - x_j)}{\prod_{j\neq i}^{m}(x_i - x_j)} \right) = 2\frac{t+2}{6} + 3\frac{t-4}{-6} = \frac{t+2}{3} - \frac{t-4}{2} = \frac{16-t}{6}$$ que es el mismo

resultado obtenido anteriormente si agrupamos $f(t) = \frac{8}{3} - \frac{1}{6}t$.

Para el caso de tres puntos:

Veamos el caso de una interpolación cuadrática que sería para un conjunto de tres puntos: $S = \{(1;4); (-1;6); (2;9)\}$ hallar el polinomio de grado 2 en este caso que pasa por estos puntos. Este es el ejercicio 13 de la clase práctica 2 tratada anteriormente y por tanto este polinomio es una parábola.

Por tanto el polinomio sería de la forma $f(t) = \alpha_0 + \alpha_1 t + \alpha_2 t^2$ y planteando el modelo:

Los coeficientes α_i del polinomio tienen que satisfacer las ecuaciones:

$$\alpha_0 + \alpha_1 x_1 + \alpha_2 {x_1}^2 = y_1$$
$$\alpha_0 + \alpha_1 x_2 + \alpha_2 {x_2}^2 = y_2$$
$$\alpha_0 + \alpha_1 x_3 + \alpha_2 {x_3}^2 = y_3$$

, que expresado en forma matricial: $\begin{bmatrix} 1 & x_1 & {x_1}^2 \\ 1 & x_2 & {x_2}^2 \\ 1 & x_3 & {x_3}^2 \end{bmatrix} \begin{bmatrix} \alpha_0 \\ \alpha_1 \\ \alpha_2 \end{bmatrix} = \begin{bmatrix} y_1 \\ y_2 \\ y_3 \end{bmatrix}$

Al sustituir los valores de los puntos en el sistema:

$$\begin{bmatrix} 1 & 1 & 1 \\ 1 & -1 & 1 \\ 1 & 2 & 4 \end{bmatrix} \begin{bmatrix} \alpha_0 \\ \alpha_1 \\ \alpha_2 \end{bmatrix} = \begin{bmatrix} 4 \\ 6 \\ 9 \end{bmatrix}$$

Al resolverlo obtenemos como resultado $\alpha_0 = 3$, $\alpha_1 = -1$ y $\alpha_2 = 2$, por lo que el polinomio que pasa por esos puntos sería la recta con ecuación $f(t) = 3 - t + 2t^2$.

Rectificando por la ecuación 1 nos queda

$$f(t)=\sum_{i=1}^{3}\left(y_i \frac{\prod_{j\neq i}^{m}(t-x_j)}{\prod_{j\neq i}^{m}(x_i-x_j)} \right)=4\frac{(t+1)(t-2)}{(1-(-1))(1-2)}+6\frac{(t-1)(t-2)}{(-1-1)(-1-2)}+9\frac{(t-1)(t+1)}{(2-1)(2-(-1))}$$

$f(t)=-2(t^2-t-2)+(t^2-3t+2)+3(t^2-1)=2t^2-t+3$ que es el mismo resultado obtenido anteriormente.

Ejercicio propuesto:

1-Dadas las matrices:

$$A=\begin{pmatrix} 1 & 1 & 2 \\ -1 & 3 & 4 \\ 2 & 0 & 1 \end{pmatrix}; \quad J=\begin{bmatrix} 4 & 0 & 0 \\ 2 & 2 & 0 \\ 1 & -3 & 1 \end{bmatrix}; \quad E=\begin{bmatrix} 3 & -1 & 7 & 0 \\ 0 & 2 & 0 & 1 \\ 0 & 0 & -1 & 0 \\ 0 & 0 & 0 & 5 \end{bmatrix}; \quad B=\begin{bmatrix} 0 & -2 & -1 \\ 2 & 0 & 3 \\ 1 & -3 & 0 \end{bmatrix}$$

Y las igualdades:

$$A\,X=\begin{pmatrix} -2 \\ 0 \\ 1 \end{pmatrix}; \quad J\,X=\begin{pmatrix} 0 \\ 0 \\ 0 \end{pmatrix}; \quad E\,X=\begin{pmatrix} 1 \\ -3 \\ 0 \\ -1 \end{pmatrix}; \quad B\,X=\begin{pmatrix} 1 \\ 0 \\ 1 \end{pmatrix}$$

Escribir:

a) El SEL asociado.
b) La matriz ampliada.
c) La matriz equivalente en forma escalón.
d) El SEL asociado a la matriz escalón.
e) El conjunto solución.
f) El conjunto solución en la forma, $S = X_P + X_H$.
g) Verificar la veracidad del conjunto solución.

Capitulo VI: Aplicaciones lineales. Núcleo e imagen de una aplicación lineal. Matriz asociada a una aplicación lineal. Relación entre aplicaciones lineales, sistemas de ecuaciones lineales y matrices.

VI.1 Aplicación Lineal.

Definición: Sean E y F dos espacios vectoriales reales y f una aplicación de E en F. Se dice que f es una aplicación lineal, si se cumple que: $f(\lambda_1 x_1 + \lambda_2 x_2) = \lambda_1 f(x_1) + \lambda_2 f(x_2)$, para todo $x_1, x_2 \in$ E y todo λ_1 y $\lambda_2 \in \Re$.

La expresión $f(\lambda_1 X_1 + \lambda_2 X_2) = \lambda_1 f(X_1) + \lambda_2 f(X_2)$ se denomina **condición de linealidad.**

Utilizaremos para las aplicaciones lineales entre espacios vectoriales E y F, la siguiente notación:

$f : E \to F$

Destacaremos una importante propiedad de las aplicaciones lineales en el siguiente teorema.

Teorema 1: Si una aplicación $f : E \to F$ es lineal, entonces, la imagen por f del vector nulo de E, es el vector nulo de F.

Es decir, si f es lineal, entonces, $f(0) = 0$. Lo anterior define una condición **necesaria** más no **suficiente**.

Ejemplo: Sea la aplicación $\begin{matrix} f : \Re \to \Re \\ x \to x^2 \end{matrix}$, se cumple que $f(0) = 0$ y sin embargo esta aplicación no es lineal, puesto que, $\begin{matrix} f(\lambda_1 x_1 + \lambda_2 x_2) = \lambda_1 f(x_1) + \lambda_2 f(x_2) \\ (\lambda_1 x_1 + \lambda_2 x_2)^2 \neq \lambda_1 x_1^2 + \lambda_2 x_2^2 \end{matrix}$

En particular, si los espacios de partida y de llegada son iguales, es decir, si f es una aplicación lineal de un espacio vectorial E en sí mismo ($f : E \to E$) se dice que f es un **endomorfismo.**

En este caso denotaremos $f : end\ E$.

En el espacio vectorial, al definir una aplicación, las imágenes se expresan en términos de las componentes de cualquier vector x del espacio de partida.

Imagen de un vector por una aplicación lineal.

Teorema 2: Sean $f: E \to F$ una aplicación lineal y $A = \{a_1, a_2, \ldots, a_n\}$ una base de E; entonces, la imagen de cualquier vector X de E se puede expresar como combinación lineal de los vectores del sistema $\{f(a_1), f(a_2), \ldots, f(a_n)\}$ de F, formado por la imagen por f de cada uno de los vectores de la base A de E.

VI.2 Matriz asociada a una aplicación lineal.

Sea f una aplicación lineal definida entre dos espacios vectoriales E y F. Si la dimensión de E es n y la dimensión de F es m, tomemos una base $A = \{a_1, a_2, \ldots, a_n\}$ de E y una base $B = \{b_1, b_2, \ldots, b_n\}$ de F.

Si expresamos cada una de las imágenes de los vectores de la base A como combinación lineal única de los vectores de la base B, quedando:

$$f(a_1) = a_{11}b_1 + a_{21}b_2 + \ldots + a_{m1}b_m$$
$$f(a_2) = a_{12}b_1 + a_{22}b_2 + \ldots + a_{m2}b_m$$
$$\ldots\ldots\ldots\ldots\ldots\ldots\ldots$$
$$f(a_n) = a_{1n}b_1 + a_{2n}b_2 + \ldots + a_{mn}b_m$$

Los coeficientes de la la combinación lineal anterior se les denomina coordenadas de dichos vectores en la base B de F, luego:

$$f(a_1) = \begin{bmatrix} a_{11} \\ a_{21} \\ \ldots \\ a_{m1} \end{bmatrix};\ f(a_2) = \begin{bmatrix} a_{12} \\ a_{22} \\ \ldots \\ a_{m2} \end{bmatrix};\ldots\ldots\ldots;\ f(a_n) = \begin{bmatrix} a_{1n} \\ a_{2n} \\ \ldots \\ a_{mn} \end{bmatrix}$$

Por tanto, dar una aplicación lineal f es equivalente a determinar la n columnas asociadas a los vectores $\{f(a_1), f(a_2), \ldots, f(a_n)\}$ que escribiremos unas al lado de las otras ordenadamente, para formar una matriz de m filas y n columnas que llamaremos matriz asociada a la aplicación lineal f, con respecto a las bases A de E y B de F. La misma se denota

$$M(f;A,B)=\begin{bmatrix} a_{11} & a_{12} & \vdots & a_{1n} \\ a_{21} & a_{22} & \vdots & a_{2n} \\ \dots & \dots & \dots & \dots \\ a_{m1} & a_{m2} & \vdots & a_{mn} \end{bmatrix}$$

Es necesario declarar en la notación de la matriz las bases a las que están referidas.

Ejemplo: Determinar la matriz asociada a la aplicación lineal y las bases dadas.

$$f:\Re^2 \to \Re^3$$
$$(a,b) \to (2a-b,b,a+b)$$

Sean las bases $A=\{(1;0),(2;1)\}\ de\ \Re^2$ y $B=\{(0;1;4),(2;0;-1),(1;0;0)\}\ de\ \Re^3$

Al hallar las coordenadas de las imágenes de los vectores de la base A obtenemos la matriz:

$$M(f;A,B)=\begin{bmatrix} 0 & 1 \\ -1 & 1 \\ 4 & 1 \end{bmatrix}$$

Es importante aclarar que, si una aplicación lineal f está definida entre los espacios vectoriales E y F, y dim E = n y dim F = m, el orden de cualquier matriz asociada a la aplicación lineal f es mxn. Es decir, las matrices asociadas a una aplicación lineal f, para diferentes bases, son todas del mismo orden y tienen igual número de filas que la dimensión del espacio de llegada y tantas columnas como la dimensión del espacio de partida.

- ## Imagen de un vector por una matriz.

Veremos como conociendo la matriz asociada a una aplicación lineal $f:E\to F$ podemos determinar la imagen por f de cualquier vector x de E mediante el siguiente teorema:

Teorema 1: Si $f:E\to F$ es una aplicación lineal y M es la matriz asociada a f para las bases A de E y B de F, entonces, la imagen y de cualquier vector x de E, y = f (x), se obtiene mediante la expresión: $y_B = M(f;A,B)\,x_A$.

Ejemplo: Dada la aplicación lineal

$$f : \Re^2 \to \Re^3$$
$$(a,b) \to (2a-b, b, a+b)$$

Las bases $A = \{(1;0), (2;1)\}$ $de\ \Re^2$ y $B = \{(0;1;4), (2;0;-1), (1;0;0)\}$ $de\ \Re^3$

La matriz asociada a f para las bases dadas es:

$$M(f; A, B) = \begin{bmatrix} 0 & 1 \\ -1 & 1 \\ 4 & 1 \end{bmatrix}$$

Si queremos hallar la imagen del vector $(-2;5) \in \Re^2$ debemos calcular las coordenadas del vector X en la base A, de donde $X_A = \begin{bmatrix} -12 \\ 5 \end{bmatrix}$. Ahora:

$$Y_B = M(f; A, B) * X_A = \begin{bmatrix} 0 & 1 \\ -1 & 1 \\ 4 & 1 \end{bmatrix} \begin{bmatrix} -12 \\ 5 \end{bmatrix} = \begin{bmatrix} 5 \\ 17 \\ -43 \end{bmatrix}$$

Para obtener la imagen y = f (x) calculemos las componentes del vector y.

y = 5(0; 1; 4) + 17(2; 0; -1) – 43(1; 0; 0) = (-9; 5; 3)

VI.3 Imagen y nucleo de una Aplicación Lineal.

Definición: La **imagen** de una aplicación lineal $f : E \to F$ es un subespacio vectorial de F.

El problema consiste en determinar el subespacio imagen de una aplicación lineal. Para resolverlo debemos tener en cuenta que dada una aplicación lineal, el sistema de vectores formado por las imágenes de una base del espacio de partida es un sistema generador del subespacio imagen de dicha aplicación lineal. Por tanto, una forma de determinar el subespacio imagen de una aplicación lineal $f : E \to F$ consiste en:

1. Elegir una base del espacio de partida E.
2. Calcular las imágenes de los vectores de la base de E, y considerar el sistema de vectores G formado por dichas imágenes.
3. Determinar el subespacio vectorial generado por G.

Ejemplo: Para determinar el subespacio imagen de la aplicación lineal:

$$f : \Re^2 \rightarrow \Re^3$$
$$(a,b) \rightarrow (a-3b,\ b-a,\ a)$$

La determinación del subespacio imagen de una aplicación lineal, permite clasificar dicha aplicación en sobreyectiva o no sobreyectiva.

Definición: Una aplicación lineal $f : E \rightarrow F$ es **sobreyectiva** si el subespacio imagen f (E) coincide con el espacio de llegada F. En caso contrario, f es no sobreyectiva.

En el ejemplo anterior $f(\Re^2) \neq \Re^3$, luego, f es no sobreyectiva.

Nos interesa conocer también la dimensión de dicho subespacio imagen pues constituye uno de los atributos de una aplicación lineal.

Rango de una aplicación lineal: El rango de una aplicación lineal $f : E \rightarrow F$ es la dimensión del subespacio imagen de dicha aplicación lineal.

En el ejemplo anterior como la dimensión del subespacio imagen $f(\Re^2)$ es 2, entonces el rango de la aplicación lineal f es 2.

Ejemplo: Calcular el rango de la siguiente aplicación lineal:

$$f : \quad \Re^3 \rightarrow \Re^2$$
$$(a,b,c) \rightarrow (a+b-c, 2a+c)$$

- Núcleo de una Aplicación Lineal.

Una importante propiedad de las aplicaciones lineales es que $f(0) = 0$, es decir que la imagen del vector nulo del espacio de partida es el vector nulo del espacio de llegada. Nos preguntamos ahora, ¿el vector nulo es el único vector del espacio de partida cuya imagen por f es el vector nulo del espacio de llegada?

Definición: El **núcleo** de una aplicación lineal $f : E \rightarrow F$, es el subconjunto de todos los vectores de E, que tienen como imagen el vector nulo de F.

De acuerdo con esta definición, si denotamos por N el núcleo de una aplicación lineal: $N = \{ X \in E \mid f(X) = 0 \}$

Teorema 1: El núcleo de una aplicación lineal $f: E \to F$ es un subespacio vectorial de E.

Para hallar el núcleo de una aplicación lineal aplicaremos la definición de núcleo.

Ejemplo: Para hallar el núcleo de la aplicación lineal:

$$f: \quad \Re^2 \to \Re^3$$
$$(a,b) \to (a-3b, b-a, a)$$

El núcleo de esta aplicación sería $N = \{(x,y) \in \Re^2 \mid f(x,y) = (0,0,0)\}$ de donde $f(x,y) = (x-3y, y-x, x) = (0,0,0)$

Igualando componentes homólogas, se obtiene el sistema de ecuaciones lineales homogéneo:

$$\begin{aligned} x - 3y &= 0 \\ -x + y &= 0 \\ x &= 0 \end{aligned}$$

La solución de este sistema x = 0, y = 0 es única. Por tanto, el núcleo de f está formado solo por el vector nulo de $\Re^2$.

$$N = \{(0,0)\} \subset \Re^2$$

La determinación del núcleo de una aplicación lineal nos permite clasificarla en inyectiva o no inyectiva.

Teorema 2: Sea $f: E \to F$ una aplicación lineal tal, que el núcleo de f está formado solo por el vector nulo de E; entonces, f es inyectiva.

Basta conocer la dimensión del núcleo de una aplicación lineal f, para determinar si la aplicación es inyectiva o no. Así si:

Dim N = 0, entonces, f es inyectiva

Dim N > 0, entonces, f es no inyectiva.

Cuando una aplicación lineal f es inyectiva y sobreyectiva se dice que es biyectiva. Las aplicaciones lineales y biyectivas se denominan isomorfismos.

Vamos a estudiar un teorema que establece una relación entre las dimensiones de los espacios vectoriales y los subespacios vectoriales, núcleo e imagen de una aplicación lineal.

Teorema 3: Sean $f: E \to F$ una aplicación lineal, N el núcleo de f y f(E) el subespacio imagen de f, entonces: $\dim E = \dim N + \dim f(E)$.

VI.4 Relación entre Aplicaciones Lineales, Sistemas de Ecuaciones Lineales, y Matrices.

En primer lugar, sabemos que un sistema de ecuaciones lineales se representa mediante la ecuación matricial AX = B. Por otra parte, dadas una aplicación lineal $f: E \rightarrow F$ y bases en E y F, es posible hallar la matriz asociada a f para las bases dadas. Sabemos también que si A es la matriz asociada a f para bases canónicas, la relación f(X) = AX permite hallar la imagen de un vector X de E, utilizando la matriz A y que con la misma relación es posible dada una matriz A, hallar la aplicación lineal que A determina. La ecuación matricial AX = B es equivalente a la ecuación vectorial f(X) = B.

Si analizamos la ecuación vectorial f(X) = B, concluimos que resolver un sistema de ecuaciones lineales significa hallar, si existe, el subconjunto S de todos los vectores X de E, cuya imagen por f es precisamente, el vector B de F.

Si un sistema de ecuaciones lineales es homogéneo, B = 0, la ecuación vectorial correspondiente es f(X) = 0, por tanto resolverlo significa hallar todos los vectores X de E, cuya imagen por f sea el vector nulo de F, donde este subconjunto es precisamente el núcleo de la aplicación lineal.

Si un sistema de ecuaciones lineales es no homogéneo, en la ecuación vectorial correspondiente es f(X) = B, B ≠ 0, de acuerdo con lo que hemos analizado anteriormente resolverlo significa hallar, si existe, el subconjunto S de todos los vectores X de E, cuya imagen por f es precisamente el vector B de F.

Ejercicios propuestos:

I. Dadas las aplicaciones:

a) $f : \Re^3 \to \Re^2$
$(x, y, z) \to (x + y, z)$

b) $f : \Re^2 \to \Re^2$
$(a, b) \to (b - a, 1)$

I.1 Mostrar que son lineales.

I.2 Determinar nucleo e imagen.

II. Para la aplicación lineal,

$f : \Re^2 \to \Re^3$
$(a, b) \to (3a - 2b, 5a, b)$

Determinar la imagen del vector x = (7; 1).

III. Dados los sistemas de ecuaciones lineales.

a)

$$x_1 - 2x_2 + 3x_3 = 0$$
$$-x_1 + x_2 - x_3 = 0$$

b)

$$x_1 - 2x_2 + 3x_3 = 1$$
$$-x_1 + x_2 - x_3 = 0$$

III.1 Escriba la matriz que define la aplicación lineal.

III.2 Determine nucleo e imagen del a aplicación lineal.

Capitulo VII: Endomorfismo. Elementos de diagonalización para matrices asociadas a un endomorfismo.

VII.1 Matriz diagonalizable.

La diagonalización de matrices es un fenómeno que tiene que ver con una transformación que se produce en un espacio vectorial, $f: E \to E$, una transformación lineal de espacio vectorial sobre si mismo, son definidas **endomorfismos**.

Para resolver el problema de hallar, si existe, una matriz diagonal asociada a un endomorfismo, es necesario formular las definiciones de algunos conceptos.

Definición: Un endomorfismo $f : end\, E$ es diagonalizable, si existe en E una base para la cual, la matriz asociada a f es una matriz diagonal.

Definición de matriz diagonalizable: Una matriz A es diagonalizable si existe una matriz diagonal D, semejante a A.

En otras palabras, una matriz A es diagonalizable, si existe una matriz P inversible tal que $D = P^{-1} A P$ sea un matriz diagonal.

El problema en cuestión ahora es ¿cómo averiguar si existe en E una base para la cual, la matriz asociada a f es una matriz diagonal?

Dado $f : end\, E$ y una base $B = \{b_1, b_2, \ldots, b_n\}$ de E, para hallar la matriz asociada a f referida a la base B, calculamos las imágenes $f(b_1), f(b_2), \ldots, f(b_n)$ y expresemos estas imágenes como combinación lineal de los vectores de la base B.

$$f(b_1) = a_{11}b_1 + a_{21}b_2 + \ldots + a_{n1}b_n$$
$$f(b_2) = a_{12}b_1 + a_{22}b_2 + \ldots + a_{n2}b_n$$
$$\ldots\ldots\ldots\ldots\ldots\ldots\ldots$$
$$f(b_n) = a_{1n}b_1 + a_{2n}b_2 + \ldots + a_{nn}b_n$$

La matriz M asociada a f y referida a la base B es:

$$M(f;B)=\begin{bmatrix} a_{11} & a_{12} & \vdots & a_{1n} \\ a_{21} & a_{22} & \vdots & a_{2n} \\ \cdots & \cdots & \cdots & \cdots \\ a_{n1} & a_{n2} & \vdots & a_{nn} \end{bmatrix}$$

Como queremos que la matriz asociada a f sea una matriz diagonal, los elementos $a_{ij}=0$, para i ≠ j; con lo cual, en las expresiones anteriores se obtiene:

$f(b_1)=a_{11}b_1$; $f(b_2)=a_{22}b_2$; .... ; $f(b_1)=a_{nn}b_n$

Quiere decir que para que la matriz asociada a un endomorfismo sea diagonal, las imágenes de los vectores de la base elegida en E, deben ser proporcionales a dichos vectores.
Vamos a ver otras definiciones que son necesarias para entender este fenómeno:

VII.2 Valor y vector propio.

Definición de valor propio: Dado $f:end\,E$, se dice que λ número, es un valor propio de f, si existe en E un vector X, no nulo, tal que f(X) = λX.

Definición: Dado $f:end\,E$ y λ valor propio, un vector X de E es vector propio de f asociado al valor propio λ, si se cumple que f(X) = λX.

Ejemplo: Dado el endomorfismo $f:end\,\Re^3$ tal que:

$$\begin{aligned} f:\quad & \Re^3 \rightarrow \Re^3 \\ & (a,b,c) \rightarrow (a-b+c,b,a-b+c) \end{aligned}$$

El vector (2; 0; 2) de $\Re^3$ es un vector propio de f porque:
f(2; 0; 2) = (4; 0; 4) = 2(2; 0; 2)
El vector X = (2; 0; 2) es un vector propio asociado al valor propio λ = 2.

El vector (1; 0; 1) de $\Re^3$ es un vector propio de f asociado al valor propio λ = 1, puesto que: f(1; 1; 1) = (1; 1; 1) = 1(1; 1; 1)

El vector (1; 0; 0) de $\Re^3$, no es un vector propio de f porque f(1; 0; 0) = (1; 0; 1). La imagen (1; 0; 1) no es un vector proporcional al vector (1; 0; 0).
Para cada valor propio existe un subconjunto de vectores propios asociados al mismo, por esto es necesario conocer el siguiente teorema:

Teorema 1: Dado $f: end\, E$ y λ valor propio de f, el subconjunto S de vectores propios de E correspondientes al valor propio λ, es un subespacio vectorial de E.
Como los vectores propios asociados a un valor propio forman un subespacio vectorial, la determinación de un extremo inferior de la dimensión del mismo se puede determinar a partir del siguiente teorema:
Teorema 2: Dado $f: end\, E$ y λ valor propio de f, la dimensión del subespacio propio asociado al valor propio λ, es mayor o igual que 1. Es decir dim E(λ) ≥ 1.

Una importante propiedad de los vectores propios pertenecientes a subespacios propios diferentes se expresa en el siguiente teorema:

Teorema 3: Los vectores propios no nulos correspondientes a valores propios diferentes son linealmente independientes.

Para determinar los valores propios y los subespacios propios de un endomorfismo $f: end\, E$ vamos a ver el siguiente procedimiento que nos permitirá determinar a su vez, si es posible, la matriz diagonal asociada al mismo. Por tanto debemos:

1. Hallar una matriz A asociada a f para cualquier base de E.
2. Plantear el sistema de ecuaciones lineales homogéneo $(A-\lambda I)X=0$
3. Imponer la condición $|A-\lambda I|=0$ denominada ecuación característica, cuya solución son los valores propios de f.
4. Resolver el sistema de ecuaciones $(A-\lambda I)X=0$ para cada uno de los valores propios reales de f, con lo que obtendremos los subespacios propios correspondientes a cada valor propio de f.

Ejemplo: Hallar los valores propios y los subespacios propios del endomorfismo:

$$f: \ \Re^2 \rightarrow \Re^2$$
$$(a,b) \rightarrow (3a+6b, a+2b)$$

Dado que la posibilidad de seleccionar o no una base formada por vectores propios, es lo que condiciona que un endomorfismo sea diagonalizable, es necesario formular la siguiente definición:

Definición de base propia: Una base propia de un endomorfismo $f : end\ E$, es una base de E para la cual la matriz asociada a f es una matriz diagonal.
En el ejemplo anterior tratemos de hallar una base propia:

$$f: \ \Re^2 \rightarrow \Re^2$$
$$(a,b) \rightarrow (3a+6b, a+2b)$$

¿Qué pasaría si al resolver la ecuación característica las raíces de la misma son reales y repetidas?
Como la matriz A es una matriz cuadrada de orden n, la ecuación característica es una ecuación de grado n. Sabemos que una ecuación de grado n tiene, con coeficientes reales, tiene n raíces, que pueden ser: reales y desiguales, reales e iguales o complejas conjugadas; en este último caso, como la ecuación no tiene raíces reales, se dice que la ecuación no tiene solución en R. Quiere decir que los *valores propios* pueden *ser reales y desiguales*, *reales y repetidos* o puede ocurrir que no *exista* en $\Re$ *valores propios.* Cada valor propio real y desigual determina un subespacio vectorial que se denomina subespacio propio y a los vectores de cada subespacio propio se le denomina vector propio que está asociado al valor propio.
Si al resolver la ecuación característica los valores propios son reales y desiguales, la matriz A será diagonalizable, si la multiplicidad del valor propio coincide con la dimensión del subespacio propio asociado a él.

En resumen si queremos determinar la matriz diagonal asociada a un endomorfismo, así como los subespacios propios debemos:

1. Hallar una matriz A asociada a f para cualquier base de E.
2. Plantear el sistema de ecuaciones lineales homogéneo $(A - \lambda I)X = 0$

3. Imponer la condición $|A - \lambda I| = 0$ denominada ecuación característica, cuya solución son los valores propios de f.
4. Resolver el sistema de ecuaciones $(A - \lambda I)X = 0$ para cada uno de los valores propios reales de f, con lo que obtendremos los subespacios propios correspondientes a cada valor propio de f.
5. a) Si los valores propios son reales y diferentes formo una matriz diagonal con los valores propios en la diagonal principal.

   b) Si los valores propios son reales y repetidos compruebo que la dimensión de los subespacios propios correspondientes a los valores propios que se repiten coincida con la multiplicidad del valor propio y entonces formo una matriz diagonal con los valores propios en la diagonal principal y en el caso de los valores propios que se repiten los pongo según su multiplicidad.

Ejemplo: Determine si la matriz $A = \begin{bmatrix} 3 & 6 \\ 1 & 2 \end{bmatrix}$ es diagonalizable.

Obtengamos la matriz $A - \lambda I$:

$$A - \lambda I = \begin{bmatrix} 3 & 6 \\ 1 & 2 \end{bmatrix} - \lambda \begin{bmatrix} 1 & 0 \\ 0 & 1 \end{bmatrix} = \begin{bmatrix} 3-\lambda & 6 \\ 1 & 2-\lambda \end{bmatrix}$$

Observe que la matriz $A - \lambda I$ se puede obtener inmediatamente restando λ a los elementos de la diagonal principal.

1. Resolvemos la ecuación característica $|A - \lambda I| = 0$ quedando

   $\begin{vmatrix} 3-\lambda & 6 \\ 1 & 2-\lambda \end{vmatrix} = 0$ al calcular este determinante nos queda el siguiente polinomio característico $\lambda^2 - 5\lambda = 0$ donde al hallar sus raíces obtenemos los valores propios $\lambda = 5$ y $\lambda = 0$.
2. Luego resolvemos el SEL $(A - \lambda I)X = 0$ sustituyendo cada valor propio para hallar los subespacios propios.

   Para el valor propio $\lambda = 5$ el SEL anterior quedaría:

$$\begin{bmatrix} 3-5 & 6 \\ 1 & 2-5 \end{bmatrix} * \begin{bmatrix} x_1 \\ x_2 \end{bmatrix} = \begin{bmatrix} 0 \\ 0 \end{bmatrix}$$

$$\begin{bmatrix} -2 & 6 \\ 1 & -3 \end{bmatrix} * \begin{bmatrix} x_1 \\ x_2 \end{bmatrix} = \begin{bmatrix} 0 \\ 0 \end{bmatrix}$$

Al escalonar el sistema realizando la transformación elemental $F_2 \rightarrow F_1 + 2F_2$ nos queda

$\begin{bmatrix} -2 & 6 \\ 0 & 0 \end{bmatrix} * \begin{bmatrix} x_1 \\ x_2 \end{bmatrix} = \begin{bmatrix} 0 \\ 0 \end{bmatrix}$, equivalente a $-2x_1 + 6x_2 = 0$ que constituye la restricción para el subespacio propio asociado al valor propio $\lambda = 5$ quedando dicho subespacio propio $S(\lambda = 5) = \{(x_1, x_2) \in \Re^2 / -2x_1 + 6x_2 = 0\}$

Luego se determina el subespacio propio asociado al valor propio $\lambda = 0$ igual que para el anterior:

$$\begin{bmatrix} 3-0 & 6 \\ 1 & 2-0 \end{bmatrix} * \begin{bmatrix} x_1 \\ x_2 \end{bmatrix} = \begin{bmatrix} 0 \\ 0 \end{bmatrix}$$

$$\begin{bmatrix} 3 & 6 \\ 1 & 2 \end{bmatrix} * \begin{bmatrix} x_1 \\ x_2 \end{bmatrix} = \begin{bmatrix} 0 \\ 0 \end{bmatrix}$$

Al escalonar el sistema realizando la transformación elemental $F_2 \rightarrow F_1 - 3F_2$ nos queda

$\begin{bmatrix} 3 & 6 \\ 0 & 0 \end{bmatrix} * \begin{bmatrix} x_1 \\ x_2 \end{bmatrix} = \begin{bmatrix} 0 \\ 0 \end{bmatrix}$ equivalente, a $3x_1 + 6x_2 = 0$ quedando el subespacio propio como

$$S(\lambda = 0) = \{(x_1, x_2) \in \Re^2 / 3x_1 + 6x_2 = 0\}$$

3. Como los valores propios son reales y diferentes es posible encontrar una matriz diagonal semejante a la matriz dada en el ejemplo quedando esta:

$$D = \begin{bmatrix} \lambda_1 & 0 \\ 0 & \lambda_2 \end{bmatrix} = \begin{bmatrix} 5 & 0 \\ 0 & 0 \end{bmatrix}$$

Existen algunas propiedades interesantes como que el determinante de una matriz cuadrada A es igual a $|A| = \prod_{i=1}^{n} \lambda_i$ siendo los λ_i los valores propios de la matriz y la traza de A es,

$(A)=\sum_{i=1}^{n}\lambda_i$. De la primera propiedad se puede concluir que si una matriz tiene alguno de sus valores propios igual a cero entonces su determinante es cero.

VII.3 Aplicación de la diagonalización de matrices de segundo y tercer orden al estudio de formas cuadráticas.

En la práctica, muchas de las matrices que modelan problemas que se resuelven mediante la diagonalización de matrices, son matrices simétricas. Uno de los problemas que está al alcance de nuestros conocimientos, es el de la rotación de ejes coordenados, con el fin de lograr la simplificación de la ecuación de una cónica, lo cual corresponde con una posición de los ejes coordenados coincidentes o paralelos a los ejes principales de la cónica.

Una ecuación de la forma $Ax^2+Bxy+Cy^2=E$ representa la ecuación de una cónica con centro o vértice en el origen de coordenadas y cuyos ejes no coinciden con los ejes coordenados.

Una ecuación de la forma $Ax^2+Bxy+Cy^2=E$, se puede expresar por la ecuación matricial: $V'MV=T$, donde M es una matriz simétrica, $V=\begin{bmatrix}x\\y\end{bmatrix}$ es la matriz de las incógnitas de la ecuación de la cónica, $V'=[x \quad y]$ es la matriz traspuesta de V y $T=[E]$ es una matriz de orden uno por lo que la ecuación matricial quedaría: $[x \quad y]\begin{bmatrix}A & B/2\\B/2 & C\end{bmatrix}\begin{bmatrix}x\\y\end{bmatrix}=[E]$ en la que al realizar estas operaciones se puede comprobar que obtenemos la ecuación $Ax^2+Bxy+Cy^2=E$.

El procedimiento que vamos a estudiar hoy consiste en lograr trasformar esta ecuación de manera que los ejes de la cónica coincidan con los ejes de un nuevo sistema de coordenadas.

Por ejemplo: Sea la ecuación $9x^2+4xy+6y^2=10$ que representa una elipse cuyos ejes no coinciden con los ejes coordenados.

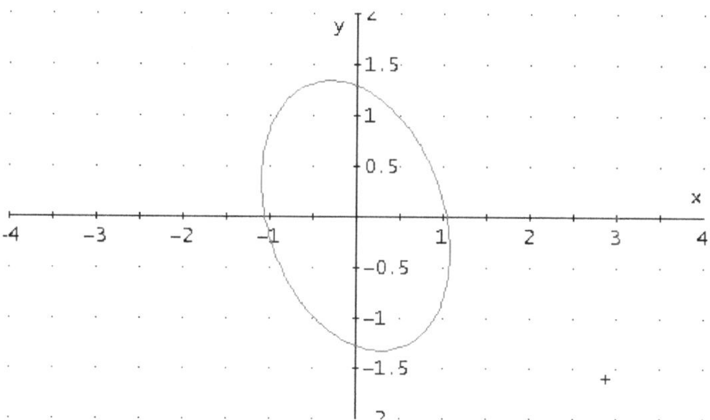

La ecuación anterior se puede expresar en forma matricial como vimos anteriormente:

$$\begin{bmatrix} x & y \end{bmatrix}\begin{bmatrix} 9 & 2 \\ 2 & 6 \end{bmatrix}\begin{bmatrix} x \\ y \end{bmatrix} = [10]$$

Determinemos los valores propios de la matriz $M = \begin{bmatrix} 9 & 2 \\ 2 & 6 \end{bmatrix}$ que como sabemos, son las raíces de la ecuación característica $|M - \lambda I| = 0$

Al resolver la ecuación característica $\begin{vmatrix} 9-\lambda & 2 \\ 2 & 6-\lambda \end{vmatrix} = 0$ queda el siguiente polinomio característico $\lambda^2 - 15\lambda + 50 = 0$ donde al hallar sus raíces obtenemos los valores propios $\lambda = 10$ y $\lambda = 5$ y la matriz diagonal semejante a M es $D = \begin{bmatrix} \lambda_1 & 0 \\ 0 & \lambda_2 \end{bmatrix} = \begin{bmatrix} 10 & 0 \\ 0 & 5 \end{bmatrix}$. Luego, la ecuación canónica de esta cónica es: $\begin{bmatrix} x_1 & y_1 \end{bmatrix}\begin{bmatrix} 10 & 0 \\ 0 & 5 \end{bmatrix}\begin{bmatrix} x_1 \\ y_1 \end{bmatrix} = [10]$ que es equivalente a $10x^2 + 5y^2 = 10$ y la cual quedaría representada:

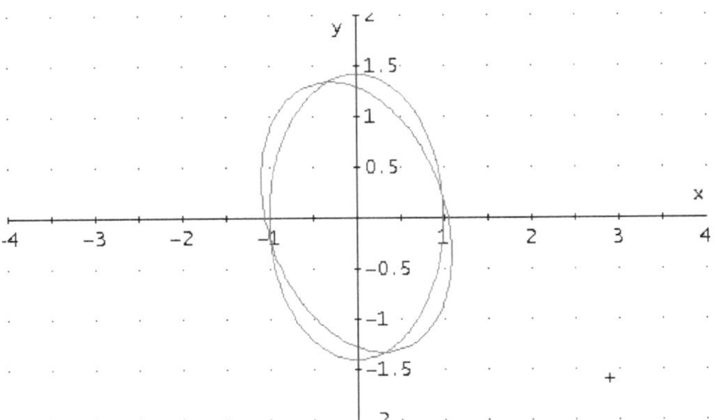

Es conveniente señalar, que los coeficientes de los términos x_1 y x_2 son los valores propios determinados anteriormente, por lo que una vez que se determinan esos se puede escribir la ecuación de la cónica ya rotada. El cambio de notación de las variables x y a x_1 y x_2 corresponde al hecho geométrico del cambio de ejes coordenados.

La ecuación general de una ecuación de segundo grado que representa una cónica es: $Ax^2 + Bxy + Cy^2 + Dx + Ey + F = 0$

Existen tres expresiones que se consideran invariantes en una curva de segundo grado que tenga la ecuación anterior, esta son:

$$\Delta = \begin{vmatrix} A & B/2 & D/2 \\ B/2 & C & E/2 \\ D/2 & E/2 & F \end{vmatrix} ; \ \delta = \begin{vmatrix} A & B/2 \\ B/2 & C \end{vmatrix} \text{ y } S = A + C$$

Estos valores no varían cuando se traslada el origen de coordenadas o giran los ejes de coordenadas (Ver página 245-246 Lt. "Manual de Matemáticas para Ingenieros y Estudiantes" de I. Bonshtein y K. Semendiaev).

Otro de los problemas que se puede modelar mediante la diagonalización de matrices simétricas es el de la rotación de ejes coordenados, con el fin de lograr la simplificación de la ecuación de una superficie cuádrica, lo cual corresponde con una posición de los ejes coordenados coincidentes o paralelos a los ejes principales de la superficie cuádrica.

Una ecuación de la forma $Ax^2 + By^2 + Cy^2 + Dxy + Exz + Fyz = J$ representa la ecuación de una superficie cuádrica con centro o vértice en el origen de coordenadas y cuyos ejes no coinciden con los ejes coordenados.

Al igual que ocurre con las cónicas, las ecuaciones de la forma $Ax^2 + By^2 + Cy^2 + Dxy + Exz + Fyz = J$, se puede expresar por la ecuación matricial: $V'MV = T$, donde M es una matriz simétrica, $V = \begin{bmatrix} x \\ y \\ z \end{bmatrix}$ es la matriz de las incógnitas de la ecuación de la cónica, $V' = \begin{bmatrix} x & y & z \end{bmatrix}$ es la matriz traspuesta de V y $T = [J]$ es una matriz de orden uno por lo que la ecuación matricial quedaría:

$$\begin{bmatrix} x & y & z \end{bmatrix} \begin{bmatrix} A & D/2 & E/2 \\ D/2 & B & F/2 \\ E/2 & F/2 & C \end{bmatrix} \begin{bmatrix} x \\ y \\ z \end{bmatrix} = [J],$$

en la que al realizar estas operaciones se puede comprobar que obtenemos la ecuación $Ax^2 + By^2 + Cy^2 + Dxy + Exz + Fyz = J$.

El procedimiento que vamos a estudiar hoy consiste en lograr trasformar esta ecuación de manera que los ejes de la cuádrica coincidan con los ejes de un nuevo sistema de coordenadas.

Ejemplo: Sea la ecuación $5x^2 + 11y^2 + 2y^2 + 4xy - 20xz + 16yz = 18$ *reducirla a la forma canónica.*

La ecuación anterior se puede expresar en forma matricial como vimos anteriormente:

$$\begin{bmatrix} x & y & z \end{bmatrix} \begin{bmatrix} 5 & 8 & -10 \\ 8 & 11 & 2 \\ -10 & 2 & 2 \end{bmatrix} \begin{bmatrix} x \\ y \\ z \end{bmatrix} = [18]$$

Determinemos los valores propios de la matriz $M = \begin{bmatrix} 5 & 8 & -10 \\ 8 & 11 & 2 \\ -10 & 2 & 2 \end{bmatrix}$ que como sabemos, son las raíces de la ecuación característica $|M - \lambda I| = 0$

Al resolver la ecuación característica $\begin{vmatrix} 5-\lambda & 8 & -10 \\ 8 & 11-\lambda & 2 \\ -10 & 2 & 2-\lambda \end{vmatrix} = 0$ queda el siguiente polinomio característico:

$\lambda^3 - 18\lambda^2 - 81\lambda + 1458 = (\lambda - 18)(\lambda - 9)(\lambda + 9) = 0$ donde al hallar sus raíces obtenemos los valores propios $\lambda = 18$; $\lambda = 9$ y $\lambda = -9$ y la matriz diagonal semejante a M es $D = \begin{bmatrix} \lambda_1 & 0 & 0 \\ 0 & \lambda_2 & 0 \\ 0 & 0 & \lambda_3 \end{bmatrix} = \begin{bmatrix} 18 & 0 & 0 \\ 0 & 9 & 0 \\ 0 & 0 & -9 \end{bmatrix}$. Luego, la ecuación canónica de esta cuádrica es: $[x_1 \quad y_1 \quad z_1] \begin{bmatrix} 18 & 0 & 0 \\ 0 & 9 & 0 \\ 0 & 0 & -9 \end{bmatrix} \begin{bmatrix} x_1 \\ y_1 \\ z_1 \end{bmatrix} = [18]$ que es equivalente a $18x^2 + 9y^2 - 9z^2 = 18$ y la cual quedaría representada:

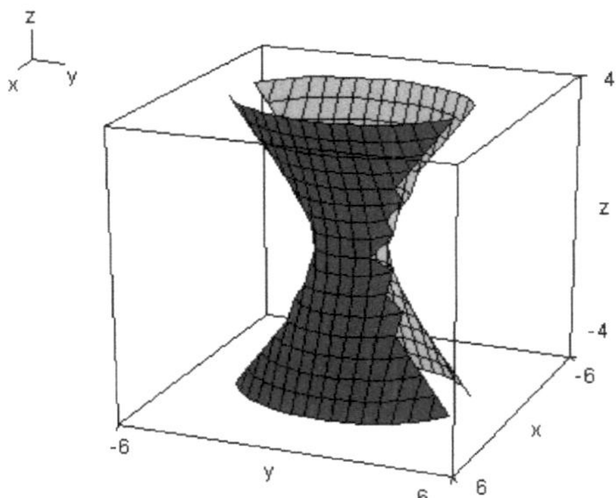

La ecuación general de una ecuación de segundo grado que representa una superficie cuádrica es: $Ax^2 + By^2 + Cz^2 + Dxy + Exz + Fyz + Gx + Hy + Iz = J$

Las expresiones invariantes para el caso de superficies de segundo grado que tengan la ecuación anterior son:

$$\Delta = \begin{vmatrix} A & D/2 & E/2 & G/2 \\ D/2 & B & F/2 & H/2 \\ E/2 & F/2 & C & I/2 \\ G/2 & H/2 & I/2 & J \end{vmatrix} ; \quad \delta = \begin{vmatrix} A & D/2 & E/2 \\ D/2 & B & F/2 \\ E/2 & F/2 & C \end{vmatrix} ; \quad S = A + B + C \quad \text{y}$$

$$T = AB + AC + BC - (D/2)^2 - (E/2)^2 - (F/2)^2$$

Estos valores no varían cuando se traslada el origen de coordenadas o se giran los ejes de coordenadas.

Ejercicios propuestos.

I.Defina los conceptos:

A. Valor propio.

B. Vector propio.

C. Matriz digonalizable.

II.Dadas las matrices determinar los valores y vectores propios.

$$A=\begin{bmatrix} 1 & 0 & 1 \\ 0 & -1 & 2 \\ -1 & 0 & 1 \end{bmatrix}; \quad B=\begin{bmatrix} -1 & 0 & 1 \\ 2 & 0 & 1 \\ -1 & 1 & 0 \end{bmatrix}; \quad C=\begin{bmatrix} 0 & -1 & 1 \\ -1 & 1 & 0 \\ 1 & 0 & -1 \end{bmatrix}$$

III. Encuentre la matriz ortogonal B, tal que, $B^{-1}A\,B$, sea diagonal, donde,

a) $A=\begin{bmatrix} 4 & 2 & 1 \\ 2 & 1 & 0 \\ 0 & 0 & 10 \end{bmatrix}$; b) $A=\begin{bmatrix} -2 & 2 & 1 \\ 2 & 1 & 0 \\ -1 & 2 & -3 \end{bmatrix}$

Bibliográfia:

Baldor, A (2009): Geometria y Trigonometría. Grupo Editorial Patria de CV.

Bronshtein. I, Semendiaev. K (1981): Manual de Matemáticas para Ingenieros y Estudiantes. Editorial Mir.

Burgov. C, Nikolskii. M (1984): Elementos de Álgebra Lineal y Geometría Analítica. Editorial Mir.

Granville. W, A (1993): Trigonometría Plana y Esférica. Editorial Limusa.

Gerber H (1992): Álgebra lineal. Grupo editorial Iberoamerica.

Krasnor. M, Kiseliov. A, Makarenko. G, Shikin. E (1990) : Curso de Matemáticas Superiores para Ingenieros. Editorial Mir.

Libros del Bachillerato (2018): Ministerio de Educación Ecuador. PDF.

Pérez, C.P.J.S, Otero, D. A.M (2017): Modulo razonamiento Lógico- Algorítmico. Curso de nivelación Universidad Metropolitana del Ecuador. Quito.

Otero, D. A.M, Colectivo (2018): Elementos de Álgebra Lineal y Geometría del Plano para Ingenieros. Editorial Científica, 3Ciencias.

Rodríguez. R, A y colectivo de autores (2017): Matemática Básica para Carreras Universitarias. Tomo I, II. Editorial, 3 Ciencias.

Sowkowski. E. (2002): Algebra y Trigonometría con Geometría Analítica. Grupo Editorial Iberoamérica.

Printed by Books on Demand GmbH, Norderstedt / Germany